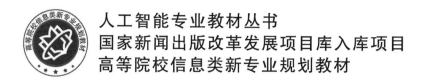

人工智能专业教材丛书

国家新闻出版改革发展项目库入库项目

高等院校信息类新专业规划教材

人工智能程序设计实践

刘瑞芳　孙　勇　编著

北京邮电大学出版社

www.buptpress.com

内 容 简 介

目前,人工智能技术的发展以机器学习、深度学习技术为主,它能够解决一些传统人工程序无法实现的效果。"人工智能+"更是被寄希望于把人工智能技术应用到各行各业之中。本书不仅包含了机器学习、深度学习的算法,还侧重于人工智能应用软件的开发。书中针对人工智能相关技术和应用设计了项目式教学案例,每章从不同侧面讲述了人工智能应用项目的设计和开发,并把需要的数据处理、机器学习模型训练和推理作为补充知识,以便于读者开展实践实验。

本书可作为高等院校人工智能相关专业的本科生或研究生课程教材,其中涉及的人工智能技术和项目开发技术也可供其他专业教学参考,同时也可供相关领域的工程技术人员阅读。

图书在版编目(CIP)数据

人工智能程序设计实践 / 刘瑞芳,孙勇编著. -- 北京:北京邮电大学出版社,2022.7
ISBN 978-7-5635-6655-6

Ⅰ. ①人… Ⅱ. ①刘… ②孙… Ⅲ. ①人工智能-程序设计 Ⅳ. ①TP18

中国版本图书馆 CIP 数据核字(2022)第 097765 号

策划编辑:姚 顺 刘纳新 责任编辑:姚 顺 封面设计:七星博纳

出版发行:北京邮电大学出版社
社 址:北京市海淀区西土城路 10 号
邮政编码:100876
发 行 部:电话:010-62282185 传真:010-62283578
E-mail:publish@bupt.edu.cn
经 销:各地新华书店
印 刷:保定市中画美凯印刷有限公司
开 本:787 mm×1 092 mm 1/16
印 张:15.5
字 数:403 千字
版 次:2022 年 7 月第 1 版
印 次:2022 年 7 月第 1 次印刷

ISBN 978-7-5635-6655-6 定价:46.00 元

人工智能专业教材丛书

编 委 会

　　"人工智能＋"现已成为推动社会生产力发展的重要因素之一。人工智能技术的进步以及在各行各业应用的蓬勃发展，也对高等教育的复合型和创新型人才的培养提出了更多需求，所以应用程序设计和软件开发的教学则需要紧跟时代的步伐。

　　目前的人工智能实践类教材，较侧重人工智能算法，缺乏人工智能应用和程序设计方面的内容，而程序设计实践类教材更没有对人工智能应用的需求和技术进行讲解。本教材以智能科技为特色，针对初学者有提高程序设计能力的需求，但又没有参与实际科研项目的经验，精心设计了适用于教学的人工智能应用项目案例，让读者在"做中学"，让他们尽快接触到最新技术，以期培养他们成为未来卓越的工程师。

　　人工智能技术的应用涉及的知识面很宽，本教材以项目案例的形式进行讲解。每个项目案例，按照软件工程从需求到实现，按照机器学习从经典问题到模型训练及推理，以解决问题为导向，不限编程语言，不限开发环境，有应用目标，有代码实现，并帮助读者能够达到举一反三的效果。

　　第1章为绪论，介绍了程序设计的基本概念和应用软件的开发过程，第1章以后的各章分别介绍了一种人工智能应用的项目案例，它们各自的侧重点以及分别采用的开发技术如表一和表二所示。

表一　每章在人工智能应用开发阶段的侧重点

章名	数据	模型	开发	部署
第2章自由复述生成系统	＊＊＊＊	＊＊＊＊	＊＊	＊
第3章基于大数据的电影推荐	＊＊＊	＊＊＊＊	＊＊＊	＊＊＊
第4章旋律的自动伴奏生成	＊＊＊	＊＊＊	＊＊	
第5章抬头率检测系统	＊＊	＊＊＊	＊＊＊＊	＊＊
第6章智能音乐播放系统	＊＊	＊＊＊	＊＊＊	＊＊
第7章智能证件照生成系统	＊＊	＊＊＊	＊＊＊＊	＊＊
第8章基于知识图谱的医药问答系统	＊＊＊	＊＊＊	＊＊＊	＊＊
第9章基于ModelArts的命名实体识别	＊＊	＊＊＊	＊＊＊	＊＊＊＊
第10章金融事件因果关系抽取	＊＊＊	＊＊＊	＊	＊

表二　每章选用的软件开发技术

章名	模型	架构	开发环境	类型
第 2 章自由复述生成系统	RNN	单机版	PyCharm 或 Spyder	深度学习、文本
第 3 章基于大数据的电影推荐	矩阵分解	单机版	PyCharm 或 Spyder	Spark、数据
第 4 章旋律的自动伴奏生成	HMM	移动应用	PyCharm、Eclipse、AndroidStudio	机器学习、音乐
第 5 章抬头率检测系统	MTCNN	C/S	PyCharm、MySQL	深度学习、图像
第 6 章智能音乐播放系统	CNN	C/S	PyQt5	深度学习、音乐
第 7 章智能证件照生成系统	U2Net	C/S	PyQt5、Flask	深度学习、图像
第 8 章基于知识图谱的医药问答系统	AC 自动机	B/S	Neo4j、Flask、Vue	机器学习、知识图谱
第 9 章基于 ModelArts 的命名实体识别	BiLSTM＋CRF	云计算	PyCharm、ModelArts	深度学习、文本
第 10 章金融事件因果关系抽取	BERT＋CRF	单机版	PyCharm 或 Spyder	深度学习、文本

　　作者已经主编并出版了两版《程序设计实践》教材，均采用项目案例式教学，尽可能帮助读者在 IT 技术快速演进的过程中，能够以解决问题为导向，构建起自己的知识体系，相关课程在中国大学 MOOC 已开设。我们还希望本书以人工智能应用为案例，以学习程序设计和软件开发为目标，以动手实践为手段，以此来引导读者学习人工智能应用程序设计，帮助读者较早具有人工智能科研项目和应用项目的开发能力。

　　感谢以下研究生对案例项目实现的帮助和建议：宋勃宁、刘欣瑜、易芃尧、张茜铭、曾泽荣、孙铭洋、候宇航、史一栋、赵刚、陈燕怡、王树森、孙冀蒙、刘璐、张丽文、向万、蔡栋琪、李彦霖、张瑜、涂培艺、赵行越、鲁懿德、梁宪臣。

　　本书配备了电子资源和课件，以问题导向的项目式教学法提供了程序源码供读者参考，大家可以通过扫描书中的二维码下载学习。

　　书中不足之处在所难免，欢迎广大读者批评指正，可直接将意见发送至 lrf@bupt.edu.cn，作者将不胜感激。

作　者

目　录

第1章

绪 论

在各种程序设计课程和教材中,一般是以一种程序设计语言为主线,让读者学习编程语言的基本知识,再学习一些程序设计的方法和编程技巧。本教材则帮助读者以学习程序设计和软件开发为目标,以人工智能应用项目为案例,以动手实践为手段来达到学习的效果。本章首先介绍基本概念和应用开发过程,并为后续各章提供技术概览。

绪论—课件

1.1 程序设计

中华人民共和国国家标准《质量管理体系基础和术语》(GB/T19000—2016/ISO9000:2015)第 3.4.5 条对"程序"的定义是:为进行某项活动或过程(3.4.1)所规定的途径。

"程序"并不是计算机专业的特有名词。在管理学中,程序是指规范的办事流程,是解决问题的一个顺序和过程管理的方法。在计算机中,程序被看作是一系列处理数据的过程。

任何单位任何事情,程序是能够发挥出协调高效作用的一种管理工具,为了提高办事效率,则需要进行程序设计。同样,计算机程序设计也不例外。

计算机作为一种通用计算工具,在发明之初就是为了让它能够通过执行程序来进行各种数据处理、实现计算功能。但是,计算机硬件本质上只能"听懂"机器语言,用机器语言描述的计算机程序是一组计算机能识别和执行的指令。为了便于程序设计,人们发明了各种高级程序设计语言,如 C、C++、Java、Python 等。这样,使用高级程序设计语言设计的程序,再通过编译软件"翻译"成机器语言在计算机上运行,从而成为满足人们某种需求的信息化工具。

百度百科中对"程序设计"的解释为:程序设计是给出解决特定问题程序的过程,是软件构造活动中的重要组成部分。程序设计往往以某种程序设计语言为工具,给出这种语言下的程序。程序设计过程应当包括分析、设计、编码、测试、排错等不同阶段。

软件相对于计算机硬件而言,是指一系列按照特定顺序组织的计算机数据和指令的集合,分为系统软件和应用软件。系统软件包括:操作系统、数据库、集成开发环境等;应用软件包括:办公软件、Web 浏览器、电子邮件客户端、手机 APP 等。

百度百科中对"软件开发"的解释为:软件开发是根据用户要求建造出软件系统或者系统中的软件部分的过程。软件开发是一项包括需求捕捉、需求分析、设计、实现和测试的系统工程。软件一般是用某种程序设计语言来实现的。通常采用软件开发工具进行开发。软件分为系统软件和应用软件，并不只是包括可以在计算机上运行的程序，与这些程序相关的文件一般也被认为是软件的一部分。软件设计思路和方法的一般过程，包括设计软件的功能和实现的算法和方法，软件的总体结构设计和模块设计，编程和调试，程序联调和测试，然后进行编写再提交程序。

软件开发作为一项系统工程，百度百科中对"软件工程"的解释为：软件工程是研究和应用如何以系统性的、规范化的、可定量的过程化方法去开发和维护软件，以及如何把经过时间考验而证明正确的管理技术和当前能够得到的最好的技术方法结合起来。

软件工程研究如何以工程化方法构建和维护高质量的软件，定义了软件的生命周期，如表1-1所示；定义了软件的开发模式，如表1-2所示；定义了软件开发过程管理规范、各阶段的开发文档撰写，等等。

表 1-1　软件的生命周期与程序设计过程

软件生命周期	程序设计过程
问题定义	
可行性分析	分析
需求分析	
总体设计	设计
详细设计	
编码、调试	编码
联调、测试	测试
运行维护	

表 1-2　软件的开发模式

名称	含义
瀑布模式	一种最早的、应用最广的、支持直线型开发的过程模型
原型模式	一种原始模型，是原始的类型、形式、形状或例证的描述，是作为后期阶段的基础模型。软件的整个构造过程是一个迭代过程
增量模式	软件被作为一系列的增量构件来设计、实现、集成和测试
螺旋模式	将瀑布模式和快速原型模式结合起来，强调风险分析，将开发分为4个环节：制定计划、风险分析、开发实施和用户评估。开发活动围绕这4个环节螺旋式地重复执行，适合于大型复杂的系统
形式化方法	通过使用严格的、数学的符号体系来规约、开发和验证基于计算机的软件系统
敏捷开发	软件项目的构建被切分成多个相互联系，但也可独立运行的小项目，并分别完成，各个子项目的成果都经过测试，具备集成和可独立运行的特征。在此过程中，软件一直处于可使用状态

总之，人们使用程序设计语言进行程序设计，目的是实现特定功能的软件，绝大部分程序是指应用软件。

每当开始设计一个新的应用软件时，在对项目的需求进行分析之后，往往需要进行技术选型工作。针对目标用户、产品特性、开发团队等方面进行考量，合适的技术选型可以达到事半功倍的效果。本书针对初学者，目的还不是培养架构师，所以在这里简要介绍一些技术，读者对此有一定的了解就行。

首先,我们要考虑的是运行平台和开发平台的选择,比如操作系统、程序设计语言、集成开发环境。

目前主流的操作系统有微软的 Windows、苹果的 MacOS、基于 Linux 的系列操作系统,还有智能移动终端常用的 Android 系统、iOS 系统等。选型时,我们要先考虑用户需求,确定将来的运行平台,再考虑开发时选用什么平台。

目前主流的程序设计语言有:C 和 C++系列,适合开发算法和软件工程项目,计算速度快、稳定性好;Java 语言适合开发网络应用;Python 语言适合大数据处理和深度神经网络,有非常多的软件包可以直接调用;还有很多适合网站开发的前、后台语言和架构。对于各种程序设计语言,都有不少对应的集成开发环境可供选择。有一些集成开发环境,如 Eclipse 、VC Code 等,它们侧重编辑功能,支持跨语言、跨平台的开发。

其次,我们需要考虑应用的架构和关键技术,比如使用客户机/服务器(Client/Server,C/S)架构,或者浏览器/服务器(Browser/Server,B/S)架构,需不需要大数据处理平台、云计算平台等,涉及的关键技术如图 1-1 所示。这些技术都有很多专门的书籍来讲解,限于篇幅,本书不会一一讲述,但是有些技术后面章节有用到,会有一些简单地讲解。这里,我们先简要介绍技术的选型问题,1.2 小节会介绍现阶段大多数人工智能应用中涉及的技术,如图 1-1 左侧所示,在 1.3 小节会从人机交互的角度介绍一些应用开发中涉及的技术,如图 1-1 右侧所示。

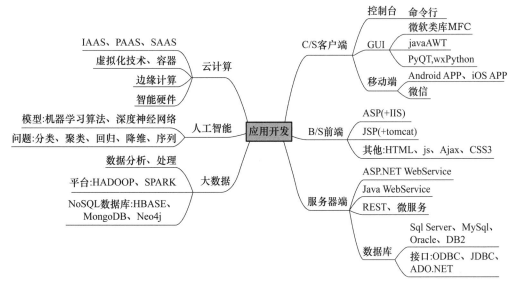

图 1-1　关键技术分类列举

图 1-1 的彩图

最后,我们还要考虑一些以下技术:

(1) 编码规范制定。指定代码编写规则,例如,标识符命名规则,注释的规则等;为了可维护性考虑的代码安全性规则、数据库安全性规则等。

(2) 软件工程阶段制定。应用开发过程应遵循软件工程管理方法,根据应用的特点制定软件开发方法、划分阶段,制定阶段目标和阶段验收标准。

(3) 单元测试及自动化测试技术。单元测试是程序开发中一个相对复杂且很重要的环节,针对单元模块的功能进行测试,先编写测试用例,测试用例当中最主要的是测试步骤和预期结果;测试人员根据测试用例执行操作步骤,然后通过眼睛和思考判断实际结果与预期结果是否相等。如果相等,测试通过;如果不相等,测试失败。我们可以采取一些自动化手段来辅助单元测试、接口测试。

(4)代码管理技术。通常在项目不断的迭代更新中,代码体积会越来越大,我们需要根据具体的业务或者功能或者某些方便复用的代码去拆分成独立的模块,分别放到不同的repository 中去进行管理,即按模块划分为多个库。这需要依赖强大的代码管理工具,如SVN、CVS、Git 等。

(5)设计模式。设计模式(Design Pattern)是软件开发人员在软件开发过程中需面临的一般问题的解决方案。这些解决方案是众多软件开发人员经过相当长的一段时间的试验和错误总结出来的,如 MVC 模式、MVP 模式、MVVM 模式等。

(6)还需要考虑。数据量、吞吐率、性能、实时性、可扩展性、可维护性、可用性、可靠性等。

1.2　人工智能应用

1.2.1　人工智能

人类区别于其他动物的特征之一就是会使用工具,人类创造了很多机器来节省体力,也发明了一些工具,如滑尺、算盘等,来帮助人们进行计算以节省脑力。用机器来代替人工计算,一直是人类的梦想。

计算机是人类发明的一种通用计算工具,通过编程它可以控制机器完成复杂的工作任务,甚至可以说它能够帮助人类进行思考,它让机器向"智能"化迈进了一步。目前,什么是"智能"仍然是哲学问题,但是人工智能(Artificial Intelligence,AI)得以广泛应用,主要依赖于计算机技术的发展。人工智能可以看作是用于帮助人类思考的一种工具,它也是一项计算机程序,可以独立存在于计算中心或个人计算机里,也可以通过诸如机器人、机器臂之类的设备体现出来。所以,计算机是人工智能最基础的计算平台,也是各种人工智能应用的主要依托平台。

百度百科中对"人工智能"的解释为:它是研究、开发用于模拟、延伸和扩展人的智能的理论、方法、技术及应用系统的一门新的技术科学。

当计算机具备"记忆"和"计算"能力后,人们希望计算机能够进一步具有"思考"的能力,希望计算机:能存会算、能听会看、能理解会思考。在目前的人工智能应用中,前两项基本能做到,最后一项正在努力,这个跟应用领域目标有关。

在人工智能三起两落的发展历程中,出现了连接主义学派,他们希望通过人工神经网络模拟人脑;出现了符号主义学派,他们希望机器具有逻辑推理能力。

从 1964 年到 1966 年美国麻省理工学院人工智能实验室历时三年编写了世界上第一个真正意义上的聊天程序——EZIZA,它可以扫描用户提问中的关键词,并为其匹配对应词,以实现简单的模拟对话系统,被用于模拟医生和病人的对话之中。图灵测试是人工智能在哲学领域的第一个严肃的提案。

但随着研究向前推进,人工智能发展遇到了瓶颈。由于当时的计算机内存和处理速度有限,很难处理复杂的问题,并且,想让机器达到人类的认知所需要的数据量也很大,没有人能够获取如此大规模的数据,也没有办法让机器学到如此多的信息。

1977 年之后人工智能向"知识工程"方向寻求发展,各种"专家系统"试图创建包含人类知识的软件,希望人工智能在具备知识的基础上,能够以类似人类推理的方式工作。然而,专家系统的知识是人工总结出来的,找专家进行知识录入的成本很高,同时,专家系统都是针对某个特定领域建立的,面临着应用领域狭窄的问题。

所以,人工智能的第三次浪潮到来了,人们主张让机器自己学习,自己获取知识。这得益于互联网的发展,积累了海量的电子数据,以及计算机软、硬件处理能力的提高,并具备了海量数据处理的能力。

目前,人们普遍认为实现人工智能有以下三种途径:

(1) 强人工智能希望创造能够如人类般思考的机器。现阶段我们还不清楚人类思维的工作原理,因为我们根本无法区分机器是否拥有"意识",所以要实现这样的目标还有很长的路要走。

(2) 弱人工智能只要求机器能够拥有智能行为,具体实现细节并不重要。

(3) 实用人工智能,主张制造机器昆虫、机器狗、机器臂,能够帮助人类完成特定任务,发挥特定作用。

目前人工智能的核心技术就是机器学习算法和模型,它在努力通过第二种和第三种途径来满足各种应用的需求,也要靠设计程序来实现。而人工神经网络也正在发展为深度神经网络,深度学习是机器学习的一个分支、一类模型,其本质上也是计算机程序算法。反过来讲,人工智能的发展也推动了程序设计方法的进步,为了编写复杂的程序,也需要软件工程管理手段的提高,比如使用版本管理、开源软件等,以保证程序模块的复用性好。

本书讲解的人工智能程序设计,以机器学习、深度学习模型和算法作为人工智能应用的主要内容,还会涉及数据处理技术、应用的部署等方面的内容。

人工智能应用的开发步骤如下:

(1) 需求分析:明确问题和用户需求,定义目标和规格说明,按照软件工程过程管理进行可行性分析。

(2) 准备和探索数据:人工智能应用一般离不开大数据的支撑,数据分析处理的质量是建模的关键前提,可能决定应用的成败,1.2.2 小节将专门介绍大数据处理。

(3) 选择模型和算法:这一步是应用建模的核心内容,选择和开发有效的机器学习算法、深度神经网络模型是应用的灵魂,1.2.3 和 1.2.4 小节将专门介绍模型和算法。

(4) 系统设计:包括产品设计和架构设计,确定人工智能技术方案和系统技术方案,按照软件工程过程管理进行概要设计。

(5) 代码实现:开发算法代码,进行模型训练、调优,编排模型生成应用;系统开发,进行单元测试。按照软件工程过程管理进行详细设计和开发。

(6) 测试:针对人工智能应用,分为模型测试和软件测试两个阶段。模型测试以应用目标希望达成的业务性能为主;软件测试以系统的可靠性、稳定性为主。

(7) 部署:应用系统开发完成后部署上线运行。根据应用规模和用户需求,可能需要使用云计算平台,1.2.5 小节将专门介绍云计算。

人工智能应用开发过程大多数时候是一个迭代的过程,如图 1-2 所示。可能在首次开发过程中就需要在某些环节进行反复迭代,也可以在交付用户使用一段时间后,根据新的数据和应用变化再次进行迭代开发。所以在应用开发时要注意:要允许迭代生产,给反复修改程序留下模块接口。

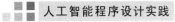

图 1-2　人工智能应用的迭代生产周期

1.2.2　大数据

机器学习和深度学习是当前引领人工智能发展的重要技术,但是要发挥这些算法和模型的作用,就需要大数据的支撑。模型对数据的依赖不可小觑,数据越多,机器学习训练的效果就越好。随着互联网、物联网的发展,以及计算机在各行各业的应用中产生了大量的企业数据,使得电子数据逐步汇聚成数据的海洋,正好为机器从数据中学习规律以及总结出模型提供了支撑。所以,在使用机器学习、深度学习方法建模之前,我们要先了解大数据。

大数据存储和处理涉及的技术,如表 1-3 所示。

表 1-3　数据处理技术

数据源	互联网、物联网、各个行业(金融、交通、旅游、智能电网、游戏等)
数据存储	第一代为文件,如电子表格;第二代为关系型数据库,如 Oracle、SQL Server、MySQL、Sybase、DB2、TeraData 等;第三代为数据仓库,主要应用技术有 ETL 工具、OLAP 联机分析处理、数据挖掘等;第四代为大数据:①体量大。②类型和结构复杂。除了结构化数据,还有准结构化数据、半结构化数据、非结构化数据。③增长快。需要云存储、并行计算,NoSQL 数据库回归文件形式
数据处理	数据集成、数据清洗(缺失值填充、网页解析、文本预处理等)、数据转换(数值规范化、独热编码等)
数据分析	数据质量分析(统计特征分析、离群点分析等) 数据特征分析(分布分析、主成分分析等) 特征选择和数据抽取(在不牺牲数据质量的前提下,减小数据集的规模,提高建模的准确性)

1. 数据采集

一个数据集是指一组数据的集合,是为了满足一个应用需求所整理的一组数据的物理实现。

(1)互联网是一个大数据池。为了某个应用需求,数据集的获取方式一般是从互联网爬取相关网页,然后进行数据处理,将非结构化数据转换成结构化数据。互联网网页只要能浏览就能保存在本地,通过网页链接来保存很多网页的过程称为“爬取”。

有时也可以使用第三方整理好的开放数据集。

(2)物联网数据一般由部署网络的商家建立相应的平台,进行数据的实时采集。例如,某热水器厂商的智能热水器,在状态发生改变或者有水流状态时,会自动采集各种监控指标数据,通过网络传输,把采集到的数据上传到云平台。

(3)行业大数据由行业的相关企业建立本行业的大数据管理平台。比如生物医疗行业关于癌症的数据集有:mycancergenome.org,pharmgkb.org,cosmic 等。

结构化数据一般存储在表格文件、cvs 文件或者数据库表中。数据集一般包含多张表,但是表之间的相互约束少。另外,由于大数据来源情况复杂,原始数据集很可能存在数据错误、数据重复等情况,需要进一步进行数据清洗等处理。

非结构化数据,数据集由成组的文件构成,比如网页文件、文本文件、音视频文件,一组文件一般保存在一个目录路径下。如 NoSQL 数据库有以下三种存储类型:

(1)文件存储。以类似 JSON 格式的方式描述数据,属性的可扩展性好,典型代表是 MongoDB。

(2)键值存储。天然适合分布式存储,水平扩展性好,典型代表是 DynamoDB。

(3)基于图形的存储。图形的节点和边都可以带有元数据,使用键值和关系进行索引,典型代表是 Neo4j。

数据收集时还要特别注意的一件事就是数据的粒度问题。粗粒度数据不能反映问题,而粒度过细会造成数据量庞大,不便于后续处理、分析,能够满足应用需求的、合适的数据粒度,需要在数据收集前确定好。比如,数据收集时一般需要考虑时间粒度,按分钟、按小时或者按日进行数据采集,会得到不同粒度的数据集。

2. 数据集成

数据集成是将多个数据源中的数据进行合并,整合到一个一致的存储中,实现物理上的数据集成;或者整合不同数据源中的元数据,在逻辑上实现数据集成。

结构化数据的集成,在整合过程中要进行结构集成和/或内容集成。在结构集成时要解决实体识别和冗余属性处理问题,比如,来源于两张表的数据要进行合并,其中一张表存储了"出生年月",而另一张表存储了"年龄",我们可以选择合并后存储"出生年月",去掉"年龄"这个属性。内容集成的前提是来源数据集中数据结构相同或可经过变量映射等方式视为结构相同,合并过程中要检测冗余数据并处理。

非结构化数据的集成,没有固定的规则,需要根据应用需求来分析并解决问题。比如,要从某电子商务网站采取数据,需要把用户从网页登录、购买商品等数据与用户从手机 APP 登录、浏览商品等数据进行数据集成,识别出一个网页账号与一个移动账号的对应关系。

3. 结构化数据的清洗

结构化数据的清洗是指对数据集中错误的、不精确的、不完整的、格式错误的以及重复的数据进行修正、移除的过程。

对数据集中缺失数据的处理方法主要有以下两种:

(1)删除法。例如,某销售报表中,很多条记录的对应字段没有相应值,关于某些商品的信息除了名称外,其他的各个属性都没有值。

删除记录是以减小历史数据来换取数据的完备,在缺失记录远小于数据表所有记录的情况下不太影响数据的完整性是可取的。而一旦数据集中记录较少时,则会严重影响数据完整性。

相应的,如果数据集中某些属性,对于大部分记录来讲都没有给出相应的值,这时可以考虑删除这些属性。

(2)填充法。特殊值填充法将缺失值作为一种特殊的属性值来处理。比如,使用 unknown 或∞等不同于其他任何属性值或者使用默认值。还可以采用统计学原理,根据数据集中其余实例在该属性的取值分布情况来对缺失值进行估计补充,比如均值、中位数、公数等某个固定值。

4. 准结构化数据的清洗

从日志中提取应用相关的数据转换成结构化数据。例如,对于智能热水器用户,我们要分

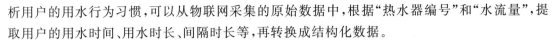

析用户的用水行为习惯,可以从物联网采集的原始数据中,根据"热水器编号"和"水流量",提取用户的用水时间、用水时长、间隔时长等,再转换成结构化数据。

5. 半结构化数据的清洗

从互联网上爬取的网页是半结构化数据,网页爬取后需要进行网页解析,按 HTML 标签提取结构化数据。

例如,从新浪新闻(news. sina. com. cn)爬取新闻网页,解析时使用标签＜title＞提取"标题",使用标签＜meta name＝"description"…＞提取"正文",使用标签＜meta property＝"article:published_time" 提取"发布时间",使用标签＜meta property＝"article:author"提取"发布者",等等,从而获得结构化数据。

这里也有重复数据处理的问题。假设应用需要每隔 2 小时爬取一次新浪新闻,连续不断地收集新闻数据,那么在爬取时,需要进行链接去重,进行增量式爬取。

还有一种重复数据是文本内容的重复。例如,在电商平台上考虑商品推荐,应用需要分析以往用户的评价,而有些用户对一次购买行为进行了多次完全相同的评价,这种重复评价需要去重。但是,在论坛热点话题分析中,用户对某事件的看法相同,发布相同或相似内容的帖子、跟帖、转载、点赞等,这种情况下的文本内容重复不能去重。这里则需要根据应用需求来决定重复数据的处理方式。

6. 非结构化数据的清洗

非结构化数据的清洗主要是一些预处理工作,比如,中文语料需要分词、去停用词等,然后才能进行分析、建模。而非结构化数据的处理一般需要自然语言处理、图像处理等一些专门的处理技术。

7. 数据转换

数据转换主要是对数据进行规范化处理,将数据转换成适当的形式,以便于后续数据分析、应用建模,适应算法的需要。根据数据对象的不同可分成以下两类:

(1) 对于数值数据,通过线性或非线性的数学变换方法可将数据转换成适合的数据形式。常用的数据规范化方法有简单函数变换、最小-最大规范化、零-均值规范化、小数定标规范化等。

简单函数变换是对原始数据进行某些数学函数变换,常用的变换包括平方、开方、取对数、差分运算等。比如,在时间序列分析中,有时简单的对数变换或者差分运算就可以将非平稳序列转换成平稳序列。再比如,个人年收入的取值范围为 10000 元到 10 亿元,这是一个很大的区间,使用对数变换对其进行压缩是常用的一种变换处理方法。

(2) 对于非数值数据转换,则根据数据的特性会有比较多的转换方法。例如,把音频和视频数据转换成系统指定的格式;把文本处理统计数据集中出现的所有单词构成词典,统计一篇文本中各个单词出现的次数,并除以该篇文本中单词的最大出现次数,转换成词频。

在应用建模时,要建立数学模型,一般需要先把非数值数据转换成数值数据,然后按照数值数据进行处理、分析。

独热(One-Hot)编码常用于非数值数据建立数学模型。例如,天气预报按照晴、下雨、下雪、大风、雾霾等 5 种情况播报,如果用 1、2、3、4、5 来表示,在采用某些算法进行计算时并不恰当,因为天气情况并没有大小关系,这种时候可以采用独热编码,表示为:00001、00010、00100、01000、10000。

8. 数据分析

数据分析是在应用建模之前对数据进行初步分析探索,通过统计作图、列表排序、方程拟合、编程计算等方法来探索数据的结构和规律,来更好地了解数据的特征,并针对应用需求进行相应的处理。

对于单个随机变量的分布分析可以采用以下方法:

(1) 统计极大值、极小值、中位数、均值、期望(加权平均)、极差、方差等。

(2) 画出直方图,验证是否符合正态分布。计算分布的偏态(三阶矩):用来衡量概率分布的不对称性。

(3) 画出区间频率分布,验证数据的周期性等。

(4) 排序,找出四分位点的值。

对于多维随机变量可以画出散点图,计算相关性、协方差等。

数据质量主要是指数据的完整性、正确性、一致性等。

缺失值分析首先使用简单的统计分析,得到含有缺失值的属性、属性个数、缺失数量、缺失率;其次,进一步分析缺失值产生的原因,只有"知根知底"才能从容应对,才能知道接下来该如何处理。

在大规模数据集中,通常存在着不遵循数据模型普遍行为的样本,称为离群点。

当对检测出来的离群点经过验证,确定为噪声数据时,进行去噪处理可提高后续建模和算法的效率和准确度。

但是需要注意,这些不一致的数据不一定是噪声,我们需要剔除真正不正常的数据,而保留虽然看起来不正常,但实际上是真实的数据。例如,在信用卡欺诈应用中,如果把离群点当作噪声去除的话,就与应用需求背道而驰了。

数据不一致可能是在数据集成、数据清洗时没有处理好,需要分析其原因,重新进行数据处理。

在大数据中出现重复数据的情况比较常见,对于重复数据和不一致数据要不要进行处理,需要根据大数据应用的需求来决定。比如,在互联网舆情分析中,舆情的形成就是网页内容重复信息的不断转载,想要检测出舆情,这种重复数据是不能去除的。舆情的演化会在原来网页内容的基础上进行变化,这种情况并不是数据不一致。所以,"大数据的一致性"这个概念,不同于以往数据库和数据仓库的"数据一致性"的问题,需要特别注意。

9. 特征选择

在大数据集上进行建模、分析时,为了降低复杂度,减少无效数据对建模的影响,提高建模的准确性,常常希望在不牺牲数据质量的前提下,减小数据集的规模。

特征选择的作用是挑选出对应用有意义的属性特征,去除那些意义不大,甚至可能干扰应用建模的属性特征。在特征选择之后的数据集相比于原数据集要小,但仍然接近于保持原数据的完整性。

特征选择的常用方法如下:

(1) 合并属性,将一些旧属性合并为新属性。

(2) 逐步向前选择,从一个空属性集开始,每次从原来属性集合中选择一个当前最优属性添加到当前属性子集中,直到无法选出最优属性或满足一定阈值约束为止。

(3) 逐步向后删除,从一个全属性集开始,每次从当前属性子集中选择一个当前最差属性并将其从当前属性子集消去,直到无法选出最差属性或满足一定阈值约束为止。

（4）决策树归纳，利用决策树归纳的方法对初始数据进行分类归纳学习，获得一个初始决策树，所有没有出现在这个决策树上的属性均可认为是无关属性，因此，将这些属性从初始集中删除，以获得一个较优属性子集。

（5）主成分分析，用较少的变量去解释原始数据中的大部分变量，即将许多相关性很高的变量转化成彼此相互独立或不相关的变量。

10. 大数据处理平台

在大数据分析处理时，有很多的工具和平台可以选用。主流的技术有批处理平台Hadoop，实时处理平台 Storm，基于内存计算的 Spark 平台等。Spark 平台可以支持机器学习软件包，应用更广泛。大数据可视化可以选用 R 语言、Python 语言、JavaScript 插件等方式实现。目前，有很多公司提供网站平台进行服务，实现大数据分析、处理以及可视化。

1.2.3　机器学习

机器学习的经典问题有以下几类：

1. 分类

分类是最常见的人工智能应用的类型，因为它相对容易理解，并且能够解决很多常见问题。学习算法通常会返回一个函数 $f:R^n \rightarrow \{1,2,\cdots,k\}$，即当 $y=f(\boldsymbol{x})$ 时，模型将向量 $\boldsymbol{x}$ 所代表的 n 维特征作为输入，分类到 y 所代表的类别。分类是有监督学习方法，依赖带有类别标签的训练集来建立模型参数，训练好的模型可以用于无标签数据，预测每个样本所属的类别。例如，垃圾邮件检测是典型的二分类任务，手写数字识别是多分类任务，需要区分样本属于 $0 \sim 9$ 十个类别中的哪一类。

2. 回归

某些情形下，我们所关心的事物并非是离散的类别，而是连续变量。回归分析的目的是，理解自变量的变化如何影响因变量的变化。计算机程序需要对给定的输入预测数值型的输出。学习算法需要输出函数 $f:R^n \rightarrow R$，与分类问题相比，除了返回结果的形式不一样，回归和分类很像，它们都是有监督学习。如果采用深度神经网络建模，只有网络的最后一层输出层不同，其他层都可以一样。常见的应用，例如根据历史信息预测股票价格的走势。

3. 聚类

聚类是最为著名的无监督学习方法，它关注的是，对无标签数据集内样本的相似性进行度量，寻找样本的相似样本，其结果是得到一些无标签的类别，同一类别内样本相似度高，不同类别间样本差异性大。

聚类问题可以简单表示为：对以下公式进行最小化。

$$\mathrm{Err} = \sum_{k=1}^{K} \sum_{x \in C_k} ||\boldsymbol{x} - \boldsymbol{\mu}_k||_2^2$$

其中 $\boldsymbol{\mu}_k = \dfrac{1}{|C_k|} \sum_{x \in C_k} \boldsymbol{x}$ 是类的中心向量。$|C_k|$ 表示属于类 C_k 的样本数。Err 值越小，类内各个样本数据与中心的距离越近，数据样本相似度越高。

虽然以上公式没有考虑类间相似性，但是最小化公式并不容易。找到它的最优解需要考察样本数据集 D 所有可能的类划分，这是一个 NP 难问题，即算法复杂度需要超多项式时间才能求解的问题。

各种数据都有可能需要聚类，例如，相册图片聚类管理，新闻文本话题聚类，社交关系社区发现等。

4. 降维

很多数据集中,每个样本都包含了大量特征,这会给计算能力带来挑战,同时,很多特征包含冗余信息,或者与其他特征相关,在这种情况下,学习模型的性能可能会显著退化,所以,降维会是机器学习的一类经典问题。常用的技术有主成分分析、自编码器、深度神经网络中间层、概率图模型抽取隐特征等,以得到降维效果。这种情况一般是无监督学习,主要用于特征提取,还可以用于数据可视化,直观地评价其他机器学习算法和模型的性能。

5. 序列标注

序列标注任务的输出是向量,或者是结构化的标签及其关系,典型的应用是自然语言处理中的语法分析——把句子映射到语法结构树,并标记单词的词性。可以采用监督学习或者无监督学习方法实现。

6. 图像分析

目标检测不同于图像分类,需要检测物体的位置,一般用 Bounding Box 来描述,即 x 坐标、y 坐标、宽和高,有时还会加上旋转角度。语义分割把图像分割成具有一定语义的多个板块。

7. 生成问题

生成问题是一个很大的范畴。机器翻译的输入是一种语言的符号序列,计算机程序必须将其转化成另一种语言的符号序列。根据一张图片生成标题或描述文本,根据有顺序关系的几张图片讲故事。机器人自动对话系统,则需要依据用户的一句话生成合适的应答。

传统的机器学习算法和模型在解决生成问题时能力有限,一般性能不好。深度神经网络模型 Transformer 最早用于机器翻译,性能不错,而大多数的文本生成都是类似于机器翻译的序列生成问题,都可以采用循环神经网络(RNN)、Transformer 等模型。卷积神经网络(CNN)用于图像分类、图像分割等任务之后性能很好,在生成对抗网络(GAN)中结合 CNN,容易获得较好的图像生成效果。自回归网络可以按照图像的像素序列生成新的像素,从而生成图像,性能也不错。

8. 采样和合成

采样和合成是一类特殊的生成问题。机器学习程序生成一些和训练数据相似的新样本。例如生成图片、配音。更进一步的需求是,在某些情况下,我们希望采样或合成过程可以根据给定的输入,生成一些特定类型的输出,例如图片风格转换把普通照片转换成卡通画、铅笔画、哥特油画等各种艺术风格,文本风格转换把新华社通稿转换成今日头条的语言风格。这种复杂的任务需求,可以分解成一系列子任务,或者采用几种深度神经网络模型的组合来实现端到端建模。

9. 图学习

在一些应用场景下,有大量的图数据,例如社交关系、知识图谱,我们需要采用图学习方法为应用建模。图学习同时使用图结构节点属性和文本信息等进行节点聚类,用于社区发现、推荐、链接预测等应用场景。

图 1-3 列举了一些常用的机器学习模型和算法,在这里列举的只是机器学习可以做什么,并非严格的分类。

本书侧重算法和模型的应用,而不是算法和模型的研究,后面的章节将用到一些具体的模型和算法,有相关讲解,虽然不能全面涵盖机器学习技术,但希望读者能够达到举一反三的效果。

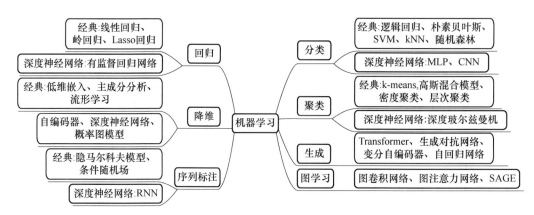

图 1-3　常用机器学习模型和算法

图 1-3 的彩图

1.2.4　深度学习

在早期的机器学习模型和算法中,需要特征提取,而在深度神经网络中,大多数不需要人工特征,这样的端到端模型更受欢迎,但仍然需要一些数据预处理的工作。

后面章节大多使用人工神经网络和深度学习技术来实现应用的目标,下面我们简要介绍一下多层感知机(Multi-Layer Perceptron,MLP)模型,它是很多深度神经网络如 CNN,RNN 等模型的基础。

1. 神经元模型

神经网络(Neurl Network)是一种模仿生物神经网络的结构和功能的数学模型或计算模型。神经网络中最基本的成分是神经元(Neuron)模型,神经元模型是一个包含输入、输出与计算功能的模型。输入可以类比为神经元的树突,而输出可以类比为神经元的轴突,计算则可以类比为细胞核。

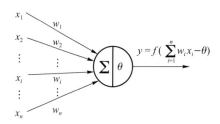

图 1-4　M-P 神经元模型

以图 1-4 的 M-P 神经元模型举例,在这个模型中,神经元接收到来自 n 个其他神经元传递过来的输入信号$(x_1,x_2,\cdots,x_n)$,这些输入信号通过带权重的连接(Connection)进行传递,神经元接收到的总输入值将与神经元的阈值进行比较,然后通过"激活函数"(Activation Function)处理以产生神经元的输出。

理想的激活函数是如图 1-5(a)所示的阶跃函数,它将输入值映射为输出值"0"或"1",显然"1"对应于神经元兴奋,"0"对应于神经元抑制。然而,阶跃函数具有不连续、不光滑等不太好的性质,因此常用 Sigmoid 函数作为激活函数。典型的 Sigmoid 函数如图 1-5(b)所示,它可以把可能在较大范围内变化的输入值压缩到$(0,1)$的输出值范围内。深度神经网络中常用的激活函数是如图 1-5(c)所示的修正线性单元(Rectified Linear Unit,ReLU),它保留了阶跃函数的生物学启发，只有输入超出阈值时神经元才激活。不过，当输入为正的时候，导数不为零，从而允许基于梯度的学习。使用这个函数能使计算变得很快，因为无论是函数还是其导数都不包含复杂的数学运算。

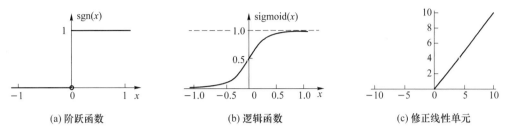

|(a) 阶跃函数|(b) 逻辑函数|(c) 修正线性单元|

图 1-5　神经元激活函数

将多个类似的神经元按照一定的层次结构连接起来，就得到了神经网络。

2. 多层感知机

常用的神经网络有如图 1-6 所示的层级结构，称为多层前馈神经网络（Multi-Layer Feedforward Neural Network）或多层感知机。每层神经元与下层神经元全互连，神经元之间不存在同层连接，也不存在跨层连接。输入层与输出层之间的神经元称为隐藏层（Hidden Layer），层数不限，但是至少有一层。隐藏层与输出层都是拥有激活函数的 M-P 功能神经元。

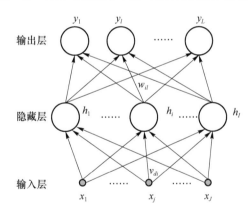

图 1-6　多层感知机

图 1-6 是包含一个隐藏层的前馈神经网络。输入层到隐藏层是一层感知机，权重为 $\boldsymbol{V}$，隐藏层有 I 个节点，有 I 个阈值，记作 γ_i。隐藏层到输出层是一层感知机，权重为 $\boldsymbol{W}$，输出层有 L 个节点，有 L 个阈值，记作 θ_l。模型学习过程，就是根据训练数据来调整神经元之间的"连接权重"（Connection Weight）以及每个功能神经元的阈值。

3. 误差反向传播算法

训练多层网络最成功的算法是误差逆传播（Error BackPropagation，BP）算法。

给定训练集 $D=\{(\boldsymbol{x}^1,\boldsymbol{y}^1),(\boldsymbol{x}^2,\boldsymbol{y}^2),\cdots,(\boldsymbol{x}^N,\boldsymbol{y}^N)\}$，$\boldsymbol{x}^k\in R^J$，$\boldsymbol{y}^k\in R^L$，即输入实例由 J 维属性描述，输出 L 维实值向量。图 1-6 给出一个有 J 个输入神经元，L 个输出神经元，I 个隐藏神经元的多层前馈神经网络结构。输入层第 j 个神经元与隐藏层第 i 个神经元之间的连接权为 v_{ji}，隐藏层第 i 个神经元与输出层第 l 个神经元之间的连接权为 w_{il}。

记隐藏层第 i 个神经元接收到的输入为 $a_i=\sum\limits_{j=1}^{J}v_{ji}x_j$，输出层第 l 个神经元接收到的输入

为 $b_l = \sum_{i=1}^{I} w_{il} h_i$，其中 h_i 为隐藏层第 i 个神经元的输出。

假设隐藏层和输出层神经元的激活函数 f 都使用 Sigmoid 函数。数据样本 n 从输入到输出的变换过程为：

$$x^n \xrightarrow{V} a^n \xrightarrow{f} h^n \xrightarrow{W} b^n \xrightarrow{f} \hat{y}^n$$

对训练样本 (x^n, y^n)，假定神经网络的输出为 $\hat{y}^n = (\hat{y}_1^n, \hat{y}_2^n, \cdots, \hat{y}_L^n)$，即 $\hat{y}_l^n = f(b_l - \theta_l)$，则网络在 (x^n, y^n) 上的均方误差为公式：

$$\text{Err}^n = \frac{1}{2} \sum_{l=1}^{L} (\hat{y}_l^n - y_l^n)^2$$

在图 1-6 的网络中有 $J \cdot I + I + I \cdot L + L$ 个参数需要学习，包括输入层到隐藏层的所有权值与阈值、隐藏层到输出层的所有权值与阈值。在 BP 迭代学习过程中，任意参数 w 的更新都按照随机梯度下降法来处理，公式为 $w \leftarrow w + \Delta w$。

这种信号正向传播与误差反向传播的各层权值调整过程，是周而复始地进行的。权值不断调整的过程，就是网络的学习训练过程。此过程一直进行到网络输出的误差减少到可接受的程度，或进行到预先设定的学习次数为止。

使用深度神经网络进行应用建模的步骤如下：

（1）构建模型：需要定义人工神经网络的层数，即所谓的深度，每层神经元的个数、使用的激活函数等。

（2）定义损失和度量：有监督学习需要定义损失函数，对于分类问题常用交叉熵作为损失函数，而对于回归、序列预测问题，常用均方误差。

（3）选择优化算法：误差反向传播、更新权重参数的过程，是一个迭代优化的过程，深度学习优化算法大概经历了 SGD—SGDM—NAG—Adagrad—Adadelta（RMSprop）—Adam—Nadam 这样的发展历程。但是，在模型训练时根据经验选用，不一定 Adam 就比 SGD 好。

（4）模型训练：给定训练数据的输入，先正向传播，在输出层计算输出的预测值与真实标注的差异，即损失函数。然后反向传播误差，各层神经元计算梯度并更新权重参数。再做正向传播，多次迭代。损失函数逐步收敛，到误差变得一定小后停止。或者迭代固定次数，记录最小损失时的最佳权重参数，作为模型训练结果。

（5）模型评估：针对测试集的输入，正向传播得到输出层的预测结果，与真实值进行比较，评估损失等度量指标。

深度学习框架可以理解为是一种界面、库或工具，它使我们在无须深入了解底层算法细节的情况下，能够更容易、更快速地构建深度学习模型。在人工智能应用软件开发过程中，选用一个合适的框架很重要，在选择时我们不仅要考虑模型和算法的实现过程，还要考虑将来应用的部署问题是不是便捷易用。主流的深度神经网络框架，如表 1-4 所示。

表 1-4　主流的深度神经网络框架

框架	Caffe/Caffe2	Torch/PyTorch	TensorFlow	Keras
语言	C++/ Python/Matlab	C++/Lua/Python	C++/Python	Python/C++
速度	快	快	中等	中等
文档	中等	全面	中等	全面
适合模型	MLP/CNN	MLP/CNN/RNN	MLP/CNN/RNN	MLP/CNN/RNN

框架	Caffe/Caffe2	Torch/PyTorch	TensorFlow	Keras
操作系统	所有系统	Linux，OSX	很多系统	所有系统
上手难易	中等	中等	难	易
优点	适合生产环境	基于动态图,简洁易用, 适合模型研究	社区强大,适合生产环境	入门简单,适合初学者
缺点	Caffe2 文档不够完善	应用部署不成熟	使用不够灵活	使用不够灵活

下面我们给出这些框架的一些案例供大家思考。

【例 1-1】 使用 PyTorch 框架进行手写数字识别。

```python
# - * - coding：utf-8 - * -
import torch.nn as nn
import torch
import torchvision
from torch.utils.data import DataLoader
import cv2


EPOCH = 10 # 总的训练次数
BATCH_SIZE = 20 # 批次的大小
LR = 0.03 # 学习率 # 交叉熵损失函数不需要太大的学习率
DOWNLOAD_MNIST = True # 运行代码的时候是否下载数据集


# 设置一个转换的集合,先把数据转换到 tensor,再归一化为均值.5,标准差.5 的正态分布
trans = torchvision.transforms.Compose(
    [
        torchvision.transforms.ToTensor(), # ToTensor 方法把[0,255]变成[0,1]
        torchvision.transforms.Normalize([0.5],[0.5]) # mean(均值),std(标准差)
    ]
)
train_data = torchvision.datasets.MNIST(
    root = "./mnist", # 设置数据集的根目录
    train = True, # 是否是训练集
    transform = trans, # 对数据进行转换
    download = DOWNLOAD_MNIST
)
# 第二个参数是数据分块之后每一个块的大小,第三个参数是是否打乱数据
train_loader = DataLoader(train_data,batch_size = BATCH_SIZE,shuffle = True)
test_data = torchvision.datasets.MNIST(
    root = "./mnist",
    train = False, # 测试集,所以 false
    transform = trans,
    download = DOWNLOAD_MNIST
)
```

绪论—代码

```python
test_loader = DataLoader(test_data,batch_size = len(test_data),shuffle = False)

# 实现单张图片可视化
images, labels = next(iter(train_loader))
img = torchvision.utils.make_grid(images)
img = img.numpy().transpose(1, 2, 0)
std = [0.5, 0.5, 0.5]
mean = [0.5, 0.5, 0.5]
img = img * std + mean
print(labels)
cv2.imshow('win', img)
key_pressed = cv2.waitKey(0) #按任意键继续

#用最简单的方式搭建一个 dnn
net = torch.nn.Sequential(
    nn.Linear(28 * 28,256), #输入 28 * 28 个,输出 256 个
    nn.Tanh(), #激活函数
    nn.Linear(256,128), #第二个隐藏层神经元个数 128
    nn.Tanh(), #激活函数
    nn.Linear(128,10) #输出层有 10 个神经元,对应 10 个类别
)

#定义损失函数和优化方法
loss_function = nn.CrossEntropyLoss() #交叉熵损失函数
optimizer = torch.optim.SGD(net.parameters(),lr = LR) #优化方法

print("start training")
for ep in range(EPOCH):
    for data in train_loader: #对于训练集的每一个 batch
        img,label = data
        img = img.view(img.size(0), - 1) #拉平图像成一维向量
        out = net(img) #送进网络进行输出
        loss = loss_function(out,label) #获得损失
        optimizer.zero_grad() #梯度归零
        loss.backward() #反向传播获得梯度,但是参数还没有更新
        optimizer.step() #更新梯度

    num_correct = 0 #正确分类的个数,在测试集中测试准确率
    #由于测试集的 batchsize 是测试集的长度,所以下面的循环只有一遍
    for data in test_loader:
        img,label = data
        img = img.view(img.size(0), - 1)
        out = net(img) #获得输出
        _,prediction = torch.max(out,1)
```

```
#找出预测和真实值相同的数量,也就是预测正确的数量
    num_correct += (prediction == label).sum()
accuracy = num_correct.numpy()/len(test_data)
print("第%d次迭代,测试集准确率为%f"%(ep+1,accuracy))
```

【例 1-2】 使用 Keras 框架进行手写数字识别。

```python
# -*- coding: utf-8 -*-
from keras.datasets import mnist # 从 keras 的 datasets 中导入 mnist 数据集
from keras.models import Sequential # 导入 Sequential 模型
from keras.layers import Dense # 全连接层用 Dense 类
from keras.utils import np_utils # 导入 np_utils 是为了用 one hot encoding 方法将输出标签的向量
(vector)转化为只在出现对应标签的那一列为 1,其余为 0 的布尔矩阵
import matplotlib.pyplot as plt
# load (downloaded if needed) the MNIST dataset
(X_train, y_train), (X_test, y_test) = mnist.load_data() #加载数据
# plot 4 images as gray scale
plt.subplot(221)
plt.imshow(X_train[0], cmap = plt.get_cmap('gray'))
plt.subplot(222)
plt.imshow(X_train[1], cmap = plt.get_cmap('gray'))
plt.subplot(223)
plt.imshow(X_train[2], cmap = plt.get_cmap('gray'))
plt.subplot(224)
plt.imshow(X_train[3], cmap = plt.get_cmap('gray'))
# show the plot
plt.show()


# 数据集是 3 维的向量(instance length,width,height),对于多层感知机,模型的输入是二维的向量,
因此这里需要将数据集 reshape,即将 28 * 28 的向量转成 784 长度的数组。可以用 numpy 的 reshape 函数轻
松实现这个过程
num_pixels = X_train.shape[1] * X_train.shape[2]
X_train = X_train.reshape(X_train.shape[0],num_pixels).astype('float32')
X_test = X_test.reshape(X_test.shape[0],num_pixels).astype('float32')
#给定像素的灰度值在 0-255,为了使模型的训练效果更好,通常将数值归一化映射到 0-1
X_train = X_train / 255
X_test = X_test / 255
# one hot encoding
y_train = np_utils.to_categorical(y_train)
y_test = np_utils.to_categorical(y_test)
num_classes = y_test.shape[1]
# 搭建神经网络模型,创建一个函数,建立含有一个隐层的神经网络
model = Sequential() # 建立一个 Sequential 模型,然后一层一层加入神经元
model.add(Dense(256,input_dim = num_pixels,kernel_initializer = 'normal',activation = 'tanh'))
```

```
model.add(Dense(128,kernel_initializer = 'normal',activation = 'tanh'))
model.add(Dense(num_classes,kernel_initializer = 'normal',activation = 'softmax'))
model.compile(loss = 'categorical_crossentropy',optimizer = 'adam',metrics = ['accuracy'])


#model.fit()函数每个参数的意义参考:https://blog.csdn.net/a1111h/article/details/82148497
model.fit(X_train,y_train,epochs = 10,batch_size = 20,verbose = 2)
scores = model.evaluate(X_test,y_test,verbose = 0) #model.evaluate返回计算误差和准确率
print(scores)
```

1.2.5 云计算

云计算是一种基于互联网的计算方式,它可以按需求给各种计算终端和设备提供共享的软硬件资源和信息。程序计算和存储的云端化是云计算的核心特征。2006 年,亚马逊公司首次发布 Elastic Compute Cloud 云计算服务,此后,谷歌、阿里巴巴、腾讯、百度、华为等 IT 行业公司相继推出了各自的云计算产品和业务,云计算便逐步普及开来,在各个领域得到了广泛的应用,成为人工智能应用发展的助推器。

1. 云计算的应用

目前基于云计算技术的应用很广泛,例如:

(1) 云存储就是把需要的资料、数据存储在云端服务器上,可以供用户随时调取,按实际使用情况收费。

(2) 企业云借助云计算为企业提质增效。在这个数据为王的时代,企业在运营过程中,必然会产生海量的数据,企业为了降低 IT 管理的复杂性,须借助云计算这一工具,来部署公有云服务,从而有效地驱动业务及流程创新。这样,企业的数据中心扩容便更便捷,便可以快速利用互联网提升服务价值。

(3) 医疗云综合运用云计算、物联网、通信技术、多媒体等新技术,以提高医疗水平和效率,降低医疗开支,实现医疗资源共享。例如,云医疗健康平台、云医疗远程诊断及会诊系统、云医疗远程监护系统等。

(4) 教育云把普惠教育理念进一步深化,实现教育资源的共享,为智慧教育的推进打下良好的基础。

2. 云计算的服务模型

云计算的服务模型分为以下三种:

(1) 基础设施即服务(Infrastructure-as-a-Service,IaaS)

用户通过 Internet 可以从完善的计算机基础设施中获得服务。IaaS 是把数据中心、基础设施等硬件资源通过 Web 分配给用户的商业模式。云计算服务的提供商负责管理基础结构,用户购买、安装、配置和管理自己的软件(操作系统、中间件和应用程序),用户可根据需求快速纵向扩缩,只需按实际使用量付费。

IaaS 提供商有谷歌计算引擎、亚马逊弹性计算云、华为云等。

(2) 平台即服务(Platform-as-a-Service,PaaS)

PaaS 实际上是指将软件研发的平台作为一种服务,以软件即服务(SaaS)的模式提交给用户。PaaS 是云中的完整开发和部署环境,因此,PaaS 也是 SaaS 模式的一种应用。但是,PaaS

的出现可以加快 SaaS 的发展,尤其是加快 SaaS 应用的开发速度。

类似 IaaS,PaaS 也包括服务器、存储空间和网络等基础结构,但它还包括中间件、开发工具、商业智能服务和数据库管理系统等。PaaS 旨在支持 Web 应用程序的完整生命周期:生成、测试、部署、管理和更新。

PaaS 提供商有微软 Azure 云服务、谷歌 APP 引擎、华为云、腾讯云等。

(3) 软件即服务(Software-as-a-Service,SaaS)

SaaS 提供完整的软件解决方案,它是一种通过 Internet 提供软件的模式,用户无须购买软件,而是向提供商租用基于 Web 的软件来管理的企业经营活动。SaaS 模式大大降低了软件尤其是大型软件的使用成本,并且由于软件是托管在服务商的服务器之上,也减少了客户的管理维护成本,可靠性也更高。

所有基础结构、中间件、应用软件和应用数据都位于服务提供商的数据中心内。服务提供商负责管理硬件和软件,并根据适当的服务协议来确保应用和数据的可用性和安全性。SaaS 让企业能够通过最低的前期成本让应用快速建成投产。

尽管云计算拥有无限制的处理能力,目前很多企业不断将数据传送到云端进行处理。但是,某些应用需要实时地与终端设备进行交互,要等待数千米之外的云计算中心将结果反馈回来,有时是不现实的。

3. 边缘计算

随着互联网和物联网上的大数据“爆炸式”增长,人工智能、5G 等信息技术的快速发展,以及日益提高的用户体验需求,那么,直接采用云计算可能无法满足智能家居、无人驾驶、虚拟现实、远程医疗、智能制造等场景对大计算量、低时延的高要求。于是,边缘计算的思想就是把云计算平台(包括计算、存储和网络资源)迁移到网络边缘,来帮助企业近乎实时地分析信息,围绕设备和数据创造新的价值。

边缘计算可以加速实现人工智能就近服务于数据源或使用者。随着边缘计算的逐渐应用,本地化管理变得越来越普遍。如果人工智能部署在边缘计算平台中,加上云计算、物联网构成“云-边-端”的协同工作模式,如图 1-7 所示,可以大力推进应用需求的落地,所以,边缘智能成为了人工智能应用的新形态。但是要注意,边缘计算的出现不是替代云计算,而是互补协同,并且边缘计算是一个相对的概念。

智能硬件的发展把人工智能进一步推向设备侧,智能设备也成了目前的一个研究热点。借助云-边-端协同计算,可以大力促进物联网设备的智能化,可以适合具有低时延、高带宽、高可靠、海量连接、异构汇聚等业务要求的应用场景,可以实现物联网各行业数字化转型,也将催生新的产业生态和商业模式。

边缘计算的发展提出了“微云”、雾计算、移动边缘计算等,2016 年,多家企业联合在北京成立了边缘计算产业联盟。无论边缘计算的概念如何演变,在人工智能应用中,相信云-边-端协同计算可以更好地提供服务。例如,在图 1-8 所示的应用中,智能摄像头基于训练好的深度神经网络模型,进行人脸识别和跟踪计算,其中边缘计算服务器负责特征提取、人脸匹配等,与设备端配合完成实时推理,远端云服务器可以集成多个节点的人脸数据集进行模型训练,以提供给边缘计算节点和智能摄像头进行推理。

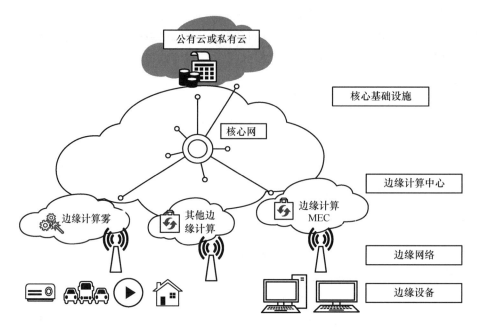

图 1-7　边缘计算架构

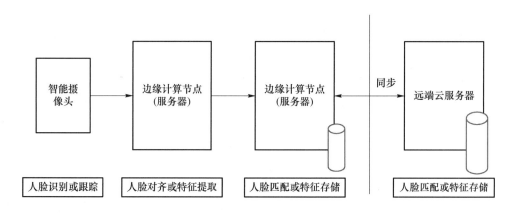

图 1-8　边缘计算示例

1.3　人机交互

1.3.1　控制台应用程序

最初的程序都是以命令行方式在控制台运行,这是我们最简单、最容易理解的人机交互方式。程序发出一个命令,计算机执行,然后在控制台返回结果,如此不断重复进行。在程序设计教学中,我们一开始学习的程序设计和代码编写,基本上都是控制台的应用程序,所以我们首要关注的问题是程序设计和编程方法,以及算法的实现,而不是其他无关紧要的技术,比如美观性等。

如今的应用程序设计，由于人工智能应用侧重于模型和算法的实现、性能分析，所以大多数时候又回归到命令行的方式，以更方便地进行算法设计和分析。

目前的大数据处理平台、云计算平台大多都是基于 Linux 系列的操作系统，其具有开源、高效等特点。它们采用命令行运行程序，交互性更好。其中的批处理程序可以方便地实现一些功能，而不需要在专门的集成开发环境下编程实现。

1.3.2　图形用户接口

图形用户接口(Graphical User Interface，GUI)也称为图形用户界面，是指采用图形方式显示的计算机操作用户界面，它由窗口、光标、按键、菜单、文字说明等对象(Objects)构成。基于窗口的 GUI 程序设计，起源于 Windows 操作系统，后来 Linux 操作系统也开发了各种窗口界面，目前，智能手机使用的触摸屏交互也是一种窗口用户界面。

图形用户界面的使用采用鼠标、触摸屏，点击进行人机交互，适用于普通大众用户。用户点击发出命令，计算机执行，运行结果体现在窗口的变化中。所以，窗口程序引入一个概念——消息。即用户发出消息，触发一个功能需求，计算机再执行。程序之间也会发出消息，实现模块间的调用，或者反馈一个消息给回调函数。

基于窗口界面的应用程序设计，一般的集成开发环境会提供一个"所见即所得"的画布，如图 1-9 所示的 QT 集成开发环境，中间部分是直观的界面设计。

图 1-9　QT 集成开发环境

界面的描述代码如图 1-10 所示。

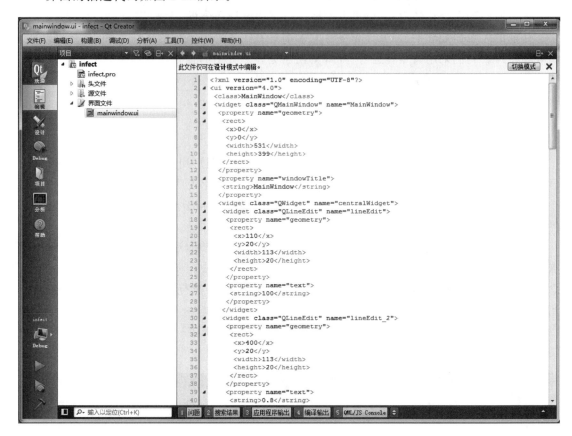

图 1-10　描述代码

使用 Python 语言编程时,窗口界面也常常直接用代码编写程序进行描述实现。

这样的应用一般是单机版程序,使用 C/C++进行开发的话,在开发完成后,将生成安装包进行发布,而不会把源代码直接给用户,用户需要安装运行。

1.3.3　C/S 图形用户接口

随着计算机软硬件技术的进步,应用软件的规模越来越大,比如当多用户需要联网使用配合工作的时候,还需要连接后台的数据库要通过网络,那么单机版的应用程序就不够用了。在这样的应用场景下,则需要开发客户机/服务器(Client/Server,C/S)结构的应用,使得一台服务器和多台客户机通过网络连接。一般在局域网内部,后台服务器会安装数据库管理系统,多个前端用户都可以访问,客户机仍然采用窗口程序设计,这样使用起来既便捷又美观。

C/S 结构的优点是交互性强、存取形式安全、响应速度快。具体表现如下:

(1) 可以足够表现客户端 PC 的处置才能,很多工作能够在客户端处置以后再提交给服务器,于是 C/S 客户端响应速度快。

(2) 操作界面漂亮、形式多样,可以满足客户个性化的要求。

(3) 安全性能容易确保,C/S 结构通常面向相对固定的用户群,程序越是注重过程,它便越是能够对权限实行多层次校验,提供更安全的存取形式,这样对信息安全的控制才能非常强。通常高度机密的信息系统选用 C/S 结构较适宜。

可是,这个结构的程序就是针对性开发,变更不够灵活,维护与管理的难度较大,常常只局限在小型局域网中,不利于扩展。它的缺点也是比较明显的,具体表现如下:

(1) 需要专门的客户端安装程序,分布功能弱,针对点多,面广,且不具备网络条件的用户群体不可以完成迅速部署安装与配置。

(2) 用户群固定。因为程序需要安装才可使用,这样不符合面向一些不可知的用户,于是实用面窄,常常用在局域网中。

(3) 开发、维护费用较高,需要拥有专业水准的技术人员才可以完成,如要进行升级,则全部客户端的程序都需要更改。

很多应用都需要选用数据库来保存数据。数据库管理系统(Database Management System)是一种操作管理数据库的大型软件,用于建立、使用和维护数据库,简称 DBMS。它对数据库进行统一的管理和控制,以保证数据库的安全性和完整性。经典的 DBMS 大多是关系型数据库,通过 SQL 语言来访问。现如今的大数据为了使用便捷,会选用 NoSQL 数据库、JSON 文件等形式保存。

在应用开发时,可以选用一种合适的数据库管理系统,在其中建立数据表,以保存应用所需的数据。再就是从数据库的角度来说,数据的访问操作可以编写客户端软件来实现应用需求,也可以通过网页来访问。

1.3.4　B/S 图形用户接口

针对 C/S 结构的缺点,为了提高应用软件的通用性,我们可以采用浏览器/服务器(Browser/Server,B/S)结构的应用,只需维护一个服务器(Server),客户端则选用浏览器(Browser)运行软件。

B/S 结构的优点是分布性强、维护方便、开发简单并且共享性强。具体表现如下:

(1) 分布性强,客户端零维护。只需有网络、浏览器,能够随时地实行查询、浏览等业务处理。

(2) 业务扩展简单便利,通过网页就可以添加服务器功能。

(3) 维护方便,只需要更改网页,就可以完成全部用户的同步更新。

(4) 开发简单,共享性强。

但是,B/S 结构的数据安全性问题、对服务器需要过高、数据传输速度慢、软件的个性化特征明显减少等缺点也是有目共睹的。具体表现如下:

(1) 受限于前端程序开发功能弱,个性化特征明显减少,没办法完成个性化的功能需求。

(2) 在跨浏览器上,B/S 架构不尽如人意。

(3) 客户端-服务器端的交互就是请求-响应的形式,常常动态刷新页面,响应速度明显减少(Ajax 能够处理这个问题)。没办法完成分页显示,给数据库访问导致较大的压力。

(4) 在速度与安全性上需要花费超大的设计费用。

基于 B/S 结构的分层应用程序,如图 1-11 所示。

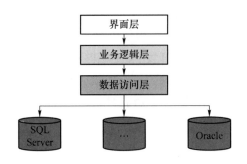

图 1-11　基于 B/S 结构的分层应用程序

最简单的 B/S 应用程序第一种开发模式是：客户端-服务器-数据库，如图 1-12 所示。

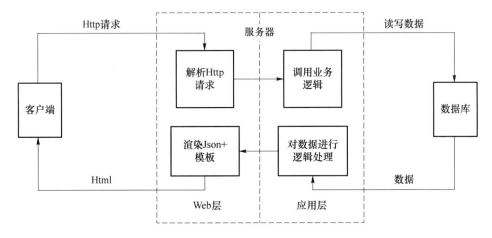

图 1-12　客户主端-服务器-数据库

具体流程如下：

（1）客户端向服务器发起 Http 请求。

（2）服务器中的 Web 服务层能够处理 Http 请求。

（3）服务器中的应用层部分调用业务逻辑，调用业务逻辑上的方法。

（4）如果有必要，服务器会和数据库进行数据交换，然后将"模板＋数据"渲染成最终的 Html，返送给客户端。

第二种开发模式是：客户端-Web 服务器-应用服务器-数据库，将 Web 服务和应用服务解耦，如图 1-13 所示。

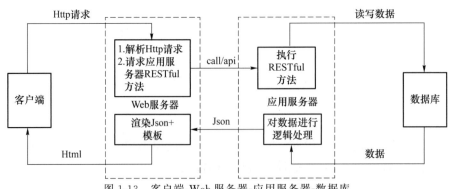

图 1-13　客户端-Web 服务器-应用服务器-数据库

具体流程如下：

（1）客户端向 Web 服务器发起 Http 请求。

（2）Web 服务能够处理 Http 请求，并且调用应用服务器暴露在外的 RESTful API 接口。

（3）应用服务器的 RESTful API 接口被调用，执行对应的暴露方法。如果有必要和数据库进行数据交互，应用服务器会和数据库进行交互后，将 JSON 数据返回给 Web 服务器。

（4）Web 服务器将"模板＋数据"组合渲染成 Html 返回给客户端。

大规模的应用场景，需要使用第三种开发模式：客户端-负载均衡器（Nginx）-中间服务器（Node）-应用服务器-数据库。如图 1-14 所示，这种模式一般用于有大量的用户和高并发的应用中。面向用户的不是真正 Web 服务器的地址，而是负载均衡器的地址。

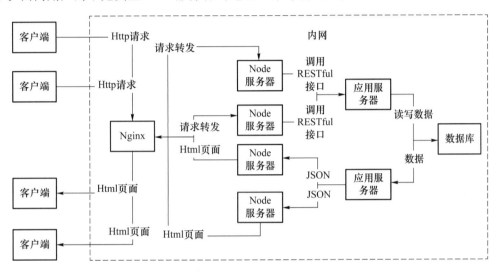

图 1-14　客户端-负载均衡器-中间服务器-应用服务器-数据库

具体流程如下：

（1）客户向负载均衡器发起 Http 请求。

（2）负载均衡器将客户端的 Http 请求均匀的转发给 Node 服务器集群。

（3）Node 服务器接收到 Http 请求之后，对其进行解析，并且调用应用服务器暴露在外的 RESTful API 接口。

（4）应用服务器的 RESTful API 接口被调用，会执行对应的暴露方法。如果有必要和数据库进行数据交互，应用服务器则会和数据库进行交互后，将 JSON 数据返回给 Node。

（5）Node 层将"模板＋数据"组合渲染成 Html 返回反向代理服务器。

（6）反向代理服务器将对应 Html 返回给客户端。

使用 Nginx 的优点是：

（1）它能够承受、高并发的大量的请求，然后将这些请求均匀的转发给内部的服务器，分摊压力。

（2）反向代理能够解决跨域引起的问题，因为 Nginx 服务器、Node 服务器、应用服务器、数据库都处于内网段中。

（3）Nginx 非常擅长处理静态资源（img，css，js，video），所以也经常作为静态资源服务器。

例如，前一个用户访问 index. html，经过 Nginx-Node-应用服务器-数据库链路之后，Nginx 会把 index. html 返回给用户，并且会把 index. html 缓存在 Nginx 上。下一个用户再想请求 index.html 的时候,则请求 Nginx 服务器,Nginx 发现有 index.html 的缓存,于是就不用去请求 Node 层了,直接将缓存的页面(如果没过期的话)返回给用户。

1.3.5　移动端应用

移动应用开发也称为手机开发,是指以手机、PDA、UMPC 等便携终端为基础,进行相应的软件开发的工作,由于这些随身设备基本都采用无线上网的方式,因此,也称为无线开发。目前的移动应用主要是安卓和苹果等设备的移动应用的开发。智能手机的广泛使用随之增加了移动应用开发的需求。

1. 安卓

安卓(Android)是由谷歌开发的基于 Linux 平台的、开源的智能手机操作系统。作为一个手机平台,Android 获得许多硬件平台的支持,其应用程序可通过标准 API 访问核心移动设备功能。Android 使用众多标准化技术,可以轻松嵌入 HTML、JavaScript 等网络内容。此外,Android 还有完善的 SDK、文档以及辅助开发工具,以便于开发者在完备的集成开发环境中进行开发。Android Studio 作为 Android 的开发环境,它提供以下的功能:

(1) 基于 Gradle 的构建支持。

(2) Android 专属的重构和快速修复。

(3) 提示工具以捕获性能、可用性、版本兼容性等问题。

(4) 支持 ProGuard 和应用签名。

(5) 基于模板的向导来生成常用的 Android 应用设计和组件。

(6) 功能强大的布局编辑器,可以让你拖拉 UI 控件并进行效果预览。

2. 微信

微信是由腾讯公司提供的一款社交软件,它支持第三方软件开发公司,开发各种微信小程序作为网络应用。这有点类似于 B/S 和 C/S 之争:使用微信小程序作为手机应用客户端的话,则不需要再安装手机 APP,类似于 B/S 应用;而开发安卓 APP 的话,类似于 C/S 应用,需要用户在自己的机器上安装后才能使用,对于一些用户只偶尔使用一两次来说,就情愿采用这样的操作过程。

使用微信开发者工具来进行微信小程序的开发,开发者可以在微信内搭建和实现特定服务和功能,这样,小程序开发需要遵循小程序开发的框架,其目标是通过尽可能简单、高效的方式让开发者在微信中开发具有原生 APP 体验的服务。

小程序开发框架的具体介绍如下:

(1) 框架的核心是一个数据绑定系统。框架的逻辑层使用 JavaScript 引擎为小程序开发者提供 JavaScript 代码的运行环境以及微信小程序的特有功能。逻辑层将数据进行处理后发送给视图层,同时接受视图层的事件反馈。开发者写的所有代码最终会打包成一份 JavaScript 文件,并在小程序启动的时候运行,直到小程序销毁。

框架提供了自己的视图层描述语言 WXML 和 WXSS,由组件来进行展示,将逻辑层的数据反应成视图,同时将视图层的事件发送给逻辑层。

WXML(WeiXin Markup Language)用于描述页面的结构。

WXS(WeiXin Script)是小程序的一套脚本语言,结合 WXML,可以构建出页面的结构。

WXSS(WeiXin Style Sheet)用于描述页面的样式。

组件(Component)是视图的基本组成单元。

框架在视图层与逻辑层间提供了数据传输和事件系统,让开发者能够专注于数据与逻辑。数据与视图可以非常简单地保持同步。当数据修改的时候,只需要在逻辑层修改数据,视图层会做相应的更新。

(2)框架管理了整个小程序的页面路由,可以做到页面间的无缝切换,并给以页面完整的生命周期。开发者需要做的只是将页面的数据、方法、生命周期函数注册到框架中,其他的一切复杂的操作都由框架去处理。

小程序根目录下的 app.json 文件用来对微信小程序进行全局配置,其决定页面文件的路径、窗口表现、设置网络超时时间、设置多 tab 等。

每一个小程序页面也可以使用.json 文件来对本页面的窗口表现进行配置。页面的配置只能设置 app.json 中部分 window 配置项的内容,页面中配置项会覆盖 app.json 的 window 中相同的配置项。

(3)框架提供了一套基础的组件,这些组件自带微信风格的样式以及特殊的逻辑,开发者可以通过组合基础组件,创建出强大的微信小程序 。基础组件分为视图容器(View Container)、基础内容(Basic Content)、表单(Form)、导航(Navigation)、多媒体(Media)、地图(Map)、画布(Canvas)等七大类,同时,开发者可以将页面内的功能模块抽象成自定义组件,以便在不同的页面中重复使用;也可以将复杂的页面拆分成多个低耦合的模块,这样有助于代码维护。自定义组件在使用时与基础组件非常相似。

(4)框架提供丰富的微信原生 API,用户可以方便地调起微信提供的能力,如获取用户信息、本地存储、支付功能等。

微信小程序开发的具体步骤如下:

(1)注册微信小程序账号,填写完善账号信息,通过这个账号来管理小程序,执行查看数据报表,发布小程序等操作。

(2)前往开发者工具下载页面,根据自己的操作系统下载对应的安装包进行安装。

(3)打开小程序开发者程序,登录小程序管理平台(微信公众平台官网),完善小程序信息,选择小程序开放的服务类目,并进行开发前的准备。

(4)新建项目选择小程序项目,如图 1-15 所示,选择代码存放的硬盘路径,完善项目信息。

图 1-15　微信小程序新建项目

（5）点击工具上的编译按钮,可以在工具的左侧模拟器界面看到这个小程序的表现,也可以点击预览按钮,通过微信的扫一扫在手机上体验小程序。

另外,为了保证小程序的质量以及符合相关的规范,小程序的发布是需要经过审核的。审核通过之后,管理员的微信中会收到小程序通过审核的通知,此时登录小程序管理后台-开发管理-审核版本中可以看到通过审核的版本。点击发布,即可发布小程序。

1.3.6　嵌入式系统

嵌入式系统可以定义为:嵌入到对象体系中的专用计算机应用系统,可以广泛应用于电信系统、电子类产品、医疗设备、智能家居等领域,例如手机、MP3、智能电饭煲等。说到嵌入式系统的开发,人们会更多地关注它的硬件配置,例如 Arduino、树莓派、操作系统等。随着"人工智能+"的广泛应用,可以使嵌入式系统配备更加智能的软件,人机交互接口可能变得非常简洁,例如可穿戴设备,云-边-端协同计算中的设备端侧就是这样的智能设备。

针对嵌入式系统的软件开发,我们需要特别注意资源受限情况下的软件规模。这种情况下的人机交互往往会比较简单,需要针对应用场景和硬件条件特别设计。

1.3.7　智能交互

绪论—讲解视频

我们从应用的架构出发讲解人机交互的一些常见方式,值得一提的是,在人工智能迅速发展的今天,把人工智能技术用于改进人机交互方式是一个重要的研究方向,例如第 6 章例子中采用手势识别控制音乐播放,这样便改进了应用的用户使用体验。

第2章

自由复述生成系统

复述生成在自然语言处理任务中扮演着重要的角色,例如,自然语言理解类任务中借助复述检测重复的语句,简并不同语句;自然语言生成类任务中实现结果的多样化,提供更多的参考候选。总而言之,复述生成不限于追求拟合参考答案,而是追求发散的、灵活的多样化表达。

受到"自由"定义的启发,本章由此设计了自由的复述句子生成的方法,即复述生成一课件不该生成什么就避免生成什么。同时,借助深度学习模型对序列的强大理解能力,来教会模型通过避开原句的不同部分来实现复述生成结果的多样化。

本章在探讨最基本的自然语言处理模型时,侧重模型的讲解与改进。当模型性能不理想时,那就需要通过数据集重构、模型调参等手段来优化模型。其中,人机交互使用控制台的用户一般是开发人员,而不是普通大众用户。

2.1 项目分析和设计

2.1.1 需求分析

随着互联网的蓬勃发展,大量的电子文档和社交语料被记录了下来,为自然语言处理(Natural Language Processing,NLP)相关的研究提供了广泛的数据资源。随着人工智能浪潮下深度学习的兴起,自然语言处理技术逐渐被广泛应用到各个领域,如机器翻译、问答系统、自动文摘、信息检索等。

语言作为人类沟通交流、获取信息的载体在信息时代发挥着极为重要的作用。对语言文字的不同运用会起到不同的表达效果,而复述便是对相同语义的不同表达,这包括不同语种、不同语法结构、不同用词等的变化。尽管网络世界丰富多彩,但是不同人的不同语言偏好,不同网络平台的格式要求,而使得表达观点、说明事件、提出问题表达方式也多样化。比如,让观点更中性、不同的长度、换种方式提问等,这就需要复述技术来自动地提供建议。复述生成(Paraphrase Generation,PG)便是通过计算机和人工智能技术,自动地为文本提供另一种表达方式。与机器翻译、摘要等其他自然语言生成任务普遍追求准确性相比,复述生成更强调多样性。

也正是因为复述生成独特的多样性,使得复述生成广泛地应用到自然语言处理的任务中,成为一种赋能的自然语言处理技术。

在机器翻译(Machine Translation,MT)领域,复述生成技术可以对需要翻译的句子进行改写,使原句更贴合机器翻译系统的输入风格,提升翻译系统的处理效果。此外复述生成还可以缓解统计机器翻译(Statistical Machine Translation,SMT)中的数据稀疏问题。另一方面,机器翻译领域的积累也为复述生成的研究提供了丰富的平行语料。

在问答(Question Answering,QA)系统领域,复述生成技术除了可以提供更加多样化的结果来扩展候选结果,提升多样性外,还可以对问题进行改写,使之更适合被问答系统的回答,以增强答案的准确性。问答领域在问题生成分支上的研究也随着复述生成技术的进步而迅速发展。

在自动文摘(Text Summarization,TS)领域,借助复述生成技术可以将抽取的重要句子组合成流畅的文摘。也可以像其他自然语言生成问题那样,通过复述得到多样化的摘要结果以适应不同的场景需求。

在信息检索(Information Retrieval,IR)领域,复述生成技术可以对检索词、检索句进行泛化和扩展,以缓解灵活多样的语言表达带来的匹配困难的问题。也可以对参考进行混合和简并,以提升信息检索系统的性能。

除了以上几个方面,复述生成技术在句子重写、辅助阅读、信息抽取等众多领域也发挥着重要的作用。随着人工智能技术的飞速进步,追求多样性的复述生成技术也在逐渐受到世界各地研究人员和产业从业者的广泛关注。

2.1.2　可行性分析

文本的复述可以是短语的、句子的、段落的、甚至是篇章的。但是以往的复述生成研究通常是指句子的复述生成,即复述生成任务可以描述为将给定的原句生成一个或一组句子,以保持原有句子的含义,但形式上不同于原有的句子。

目前,复述生成研究主要分成以下几类:

(1)基于规则的方法。早期的复述生成主要采用基于规则的方法。通过语义角色分析、句法分析、词性标注、命名实体识别等方法来获得句子的细致信息,再根据复述的要求和具体情景设计句子结构和遣词造句转换的规则,以得到需要的复述句子。这种方法可解释性强、针对性强、用途广泛,但成本高、成本增速快、难以泛化、不利于长期扩展。

(2)基于词典的方法。简单来说,就是同义或近义的词或短语的替换。这种方法简单直观,不过,单单基于词典的方法只是词替换形式的复述,而不是全面的复述。WordNet 等大型近义词数据库的发展为词典方法提供了重要的数据来源,而机器学习技术的进步也产生新的方法来更好地判断是否采用词典替换。

(3)基于模板的方法。抽象出一些复述变化的共有规律制作成模板,在模板中,将需要复述变换的位置制作成槽位,当句子同模板相匹配时,则将槽位中的词做相应的替换。这种方法通过优秀的人工经验可以实现丰富的复述效果。但也可以认为随着人工经验的积累之外,越长的句子越难被覆盖,制作和维护庞大的模板库不仅成本高昂,而且几乎无法穷尽多样的复述情况。

（4）基于机器翻译的方法。句子的复述可以看作是同语言内的机器翻译，机器翻译也可以看作是跨语言的复述。将机器翻译的平行语料替换成复述句对可借用机器翻译的技术来实现复述生成。机器翻译成熟的模型可以直接引入复述生成，但是复述生成领域的语料十分匮乏，使得复述生成的发展不如机器翻译。

（5）基于神经网络的方法。随着深度学习的发展，神经网络也成功地运用到复述生成领域。序列到序列模型是复述生成的主要方法。端到端模型训练的方式以及强化学习等技术的成功实践，既简化了复述生成的工作，又极大地提升了效果。更复杂的生成对抗网络（Generative Adversarial Networks，GAN）和变分自编码器（Variational AutoEncoder，VAE）也被引入复述生成领域并拓展了多样化效果。

（6）基于预训练语言模型的方法。预训练的语言模型是结合多种自然语言处理任务共同训练的通用模型基础，其中包含的丰富的语料信息，可以通过采样的方式从中得到复述句子。由于预训练模型的不可解释性，语义难以保持，同样与模板方法一样受制于语料库，随着人工经验的积累可以由人工智能算法自动完成。

本章主要讨论生成自然语言句子的多样化复述。因为生成的结果并不是真的自然语言，所以称为"文本生成"可能更合适一些。

2.1.3　"自由"的定义

复述是指用不同的方式对同样的语义再次表达。它体现着自然语言的灵活与自由。既然要用不同的方式再次表达，那么复述的过程就需要拒绝原句的一些表达内容，而换上新的表达内容。这让人联想到康德关于"自由"的经典定义——自由不是教你想做什么就做什么，而是教你不想做什么就可以不做什么。

自由灵活的复述也不应该是想生成什么就构造条件让模型生成什么，而应该是不想要原句的哪处就让模型试图避开哪处的表达方式。所以本文设计了自由复述方法，不引导模型去生成什么样的复述，而是引导模型去避开一部分的原句。

具体而言，复述一般不会有太大的长度变化，也会遵循原有的逻辑顺序，但一定会将原句某些位置的词换掉。所以自由复述的方法就是通过训练模型来避开原句中不同位置的词汇来得到不同的复述句。通过参考复述句中没出现的原句的词汇来训练模型，借助深度神经网络的泛化能力，在推理阶段枚举出原句的词汇，引导模型生成不同的结果，即可得到多样化的句子复述生成结果。如图 2-1 所示的实例。

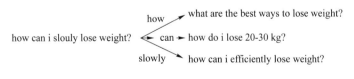

图 2-1　自由的句子复述生成实例

2.1.4　系统设计

我们在这里采用最简洁的端到端神经网络模型，使用训练语料来进行有监督学习，如图 2-2 中的实线表示过程。使用测试语料来评估模型的性能，如图 2-2 中的虚线表示过程。

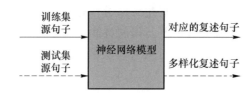

图 2-2　复述生成系统结构

而在应用时，如果给出一个句子，使用训练好的模型进行推理，将生成三种复述。

2.2　基础知识补充

2.2.1　循环神经网络

对于文本序列数据，比如在阅读一篇文章的时候，我们并不是每时每刻地都从头思考，而是在理解前面词语的基础上来理解阅读的每个词，不会丢弃前面已知的信息去从头开始思考，或者说是，思考过程是具有持续性的。我们希望神经网络也能够在"理解"的基础上记住前面的"语义"信息。

循环神经网络（Recurrent Neural Network，RNN）是指随着时间的推移，重复发生的结构可适用于处理序列数据。

循环神经网络以动态系统的形式进行建模，$s^{(t)} = f(s^{(t-1)}; \theta)$，模型如图 2-3（左）所示，其 R 开形式如图 2-3（右）。类似于卷积神经网络的参数共享，循环神经网络可以看作是函数共享，即输出的每一项是前一项的函数，输出的每一项是由先前的输出应用以相同的更新规则而产生的，这样可以保证序列的可扩展性。

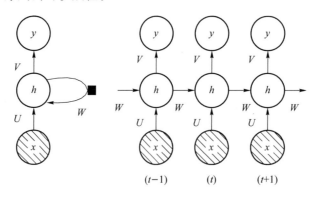

图 2-3　RNN 的基本模型（左）及其 R 开形式（右）

模型学习采用通过时间的逆误差传播（Back-Propagation Through Time，BPTT）算法进行训练。对输入序列 x，输出序列 y，最大化对数似然 $L^{(t)} = \log p(y^{(t)} \mid x^{(1)}, \cdots, x^{(t)}, y^{(1)}, \cdots, y^{(t-1)})$ 等价于最小化负对数似然函数。梯度计算涉及执行一次前向传播（从左到右），然后反向传播，理论上是容易实现的，但是计算效果往往并不理想，容易造成梯度消失的问题。

在基本 RNN 模型中，只有时刻 t 之前的序列对时刻 t 有影响。但是，在许多应用中，对输

出 y 的预测可能依赖于整个输入序列,因此可以采用双向 RNN 来解决这个问题,如图 2-4 所示。

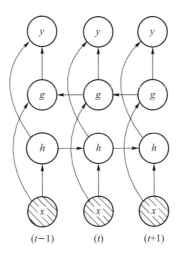

$(t-1)$　　　(t)　　　$(t+1)$

图 2-4　双向 RNN 模型

2.2.2　门控循环神经网络

循环神经网络的输入可以是不定长的线性序列,其按照时间顺序循环连接的特点使得网络可以方便地捕捉输入序列的相对位置信息。但是这种结构有两个很明显的问题,第一,当序列数据变得很长时,模型在不断循环迭代后容易忘记前面哪些信息是重要的,就像人类阅读时读到后面会忘记前面的内容一样。第二,当网络模型不断加深,在计算梯度反向传播时,很容易出现梯度消失或者梯度爆炸的问题。因此,门控循环神经网络应运而生。

在实际应用中,最有效的序列模型称为门控 RNN(Gated RNN),包括长短期记忆(Long Short-Term Memory,LSTM)模型和门控循环单元(Gated Recurrent Unit,GRU)网络。

1. 长短期记忆模型

所有 RNN 都是具有一种重复神经元的链式形式。在标准的 RNN 中,这个重复的神经元只有一个非常简单的计算结构,例如采用 tanh 函数作为激活函数的隐藏层神经元。LSTM 同样是这样的链式结构,但是重复的神经元细胞拥有一个复杂的计算结构,神经元内部有多个权重参数,如图 2-5 所示。圆角矩形框表示神经元细胞,圆形框代表函数计算,矩形框表示向量/矩阵,中括号表示向量的拼接。

这里引入一个重要的变量,称为"细胞状态"$S^{(t-1)}$,细胞状态信息希望有持续性,所以最上面类似于传送带,细胞状态直接在上面流传,只有一些少量的线性交互运算。下面包含了遗忘门、输入门和输出门的控制,去除或增加信息到细胞状态中。

(1)遗忘门读取隐变量和当前输入,计算得到一个在 0 到 1 之间的数值给每个在细胞状态中的相应维度,如公式(2-1)。1 表示"完全保留",0 表示"完全舍弃"。例如,在语言模型的例子中,基于已经看到词序列的预测下一个词,细胞状态可能包含当前主语的类别,因此,正确的代词可以被选择出来,继续阅读,当我们看到新的主语,就希望忘记旧的主语。

$$f^{(t)} = \text{sigm}(\boldsymbol{W}_{xf}\boldsymbol{x}^{(t)} + \boldsymbol{W}_{hf}\boldsymbol{h}^{(t-1)} + \boldsymbol{b}_f) \tag{2-1}$$

(2)下一步采用输入门确定什么样的新信息被存放到在细胞状态中。在语言模型的例子

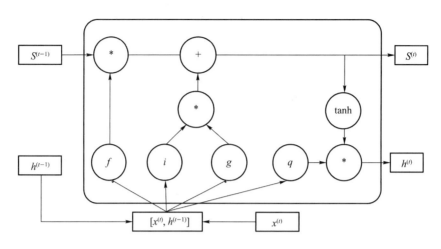

图 2-5　LSTM 的神经元细胞内部结构

中,我们希望增加新的主语的类别到细胞状态中,来替代旧的需要忘记的主语。这里包含两个部分。采用 sigmoid 函数决定什么值将要更新,然后采用一个 tanh 函数创建一个新的候选值向量,如公式(2-2)和(2-3)。接下来就可以使用这两个信息来产生对状态的更新。

$$i^{(t)} = \mathrm{sigm}(\boldsymbol{W}_{xi}\boldsymbol{x}^{(t)} + \boldsymbol{W}_{hi}\boldsymbol{h}^{(t-1)} + \boldsymbol{b}_i) \tag{2-2}$$

$$g^{(t)} = \tanh(\boldsymbol{W3}_{xg}\boldsymbol{x}^{(t)} + \boldsymbol{W}_{hg}\boldsymbol{h}^{(t-1)} + \boldsymbol{b}_g) \tag{2-3}$$

于是,细胞状态更新如公式(2-4),其中 * 表示 Hadamard 积,即向量元素对应相乘。

$$\boldsymbol{S}^{(t)} = \boldsymbol{f}^{(t)} * \boldsymbol{S}^{(t-1)} + \boldsymbol{i}^{(t)} * \boldsymbol{g}^{(t)} \tag{2-4}$$

(3) 最终需要确定输出什么值。这个输出将会基于细胞状态,但是也可能让输出门 q_t 关闭。首先采用 sigmoid 层来确定细胞状态的哪个部分将输出出去,如公式(2-5)。

$$q^{(t)} = \mathrm{sigm}(\boldsymbol{W}_{xq}\boldsymbol{x}^{(t)} + \boldsymbol{W}_{hq}\boldsymbol{h}^{(t-1)} + \boldsymbol{b}_q) \tag{2-5}$$

接着,把细胞状态通过 tanh 函数处理(得到一个在 −1 到 1 之间的值),并将它和 sigmoid 门的输出相乘,最终仅仅会输出确定输出的那部分,如公式(2-6)。

$$\boldsymbol{h}^{(t)} = \boldsymbol{q}^{(t)} * \tanh(\boldsymbol{S}^{(t)}) \tag{2-6}$$

模型学习就是估计参数:$\boldsymbol{W}_{xi}, \boldsymbol{W}_{xf}, \boldsymbol{W}_{xg}, \boldsymbol{W}_{xq}, \boldsymbol{W}_{hi}, \boldsymbol{W}_{hf}, \boldsymbol{W}_{hg}, \boldsymbol{W}_{hq}$ 以及偏置参数。

2. 门控循环单元网络

GRU 将 LSTM 中的遗忘门和输入门合并成了一个更新门 z_t,并且将细胞状态和隐层状态融合成一个隐层状态 h_t,模型通过更新门和复位门两个结构控制记忆信息的流动,整体结构如图 2-6 所示。圆角矩阵表示神经元细胞,圆形代表函数计算,矩阵表示向量/矩阵,中括号表示向量的拼接。

复位门如公式(2-7)所示:

$$r^{(t)} = \mathrm{sigm}(\boldsymbol{W}_{xr}\boldsymbol{x}^{(t)} + \boldsymbol{W}_{hr}\boldsymbol{h}^{(t-1)} + \boldsymbol{b}_r) \tag{2-7}$$

更新门如公式(2-8)所示:

$$z^{(t)} = \mathrm{sigm}(\boldsymbol{W}_{xz}\boldsymbol{x}^{(t)} + \boldsymbol{W}_{hz}\boldsymbol{h}^{(t-1)} + \boldsymbol{b}_z) \tag{2-8}$$

隐状态的更新如公式(2-9)所示:

$$\boldsymbol{h}^{(t)} = (1-\boldsymbol{z}) * \boldsymbol{h}^{(t-1)} + \boldsymbol{z} * \boldsymbol{g} \tag{2-9}$$

公式(2-9)第一项代表"不更新时"的状态信息,第二项代表"更新时"的状态和输入的权重分配,其中,$g^{(t)} = \tanh(\boldsymbol{W}_{xg}\boldsymbol{x}^{(t)} + \boldsymbol{W}_{hg}(\boldsymbol{r}^{(t)} * \boldsymbol{h}^{(t-1)}) + \boldsymbol{b}_g)$。

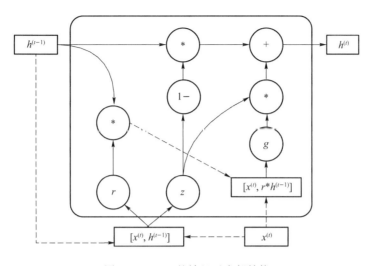

图 2-6　GRU 的神经元内部结构

2.2.3　编码器-解码器框架

　　早期的复述生成主要围绕词典、规则、模板等人工设计进行。在深度学习兴起后,文本生成领域蓬勃发展,逐渐形成了从序列到序列模型来解决从句子到句子的生成问题,如图 2-7 左图所示。序列到序列模型是借助神经网络根据不定长输入序列得到不定长输出序列的模型,最早由 Sutskever 提出并应用于机器翻译领域,后来广泛地应用于复述生成、自动文摘等文本生成的几乎全部方向。

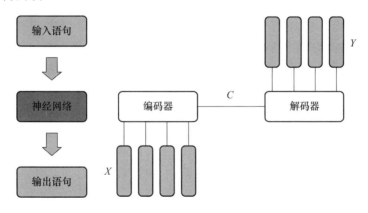

图 2-7　序列到序列模型(左)和编码器-解码器框架(右)

　　序列到序列模型发明后,迅速发展为使用一个神经网络对输入句子进行序列建模,进行编码,使用另一个神经网络根据编码结果解码出翻译句子的符号序列,这样便组成了经典的编码器-解码器(Encoder-Decoder)框架,如图 2-7 右图所示。其主要是将序列到序列模型的编码和解码模型分开,用一个神经网络作为编码器,对输入序列 x 进行编码产生一个内容(Context)向量 C 作为编码器输出,再使用另一个神经网络作为解码器,根据内容向量 C 进行解码并生成输出序列 y。模型整体通过平行语料数据,在输入输出序列对上以最大化似然函数的均值来求解模型参数 θ。

编码器-解码器的架构由于要处理不定长且有前后关系的序列,通常使用循环神经网络,用循环神经单元逐个处理输入序列的每一个符号,神经单元内部参数在处理的过程中被保留和传递。当处理完所有的输入后神经单元内部保留的隐状态信息,就可以作为输入内容的编码。在解码输出的时候,也是根据循环神经单元之前的状态逐个解码输出序列的符号,除了循环传递神经单元的内部状态,也将前一次的输出作为下一回合的输入,以保持和编码过程的一致。

2.2.4　推理策略

文本生成任务在解码的时候,通常是从前往后一个接一个的解码,称为自回归(AutoRegression)。这种解码方式的损失为:

$$L^{(t)} = -\sum_{t=1}^{T} \log p(y^{(t)} \mid x^{(1)}, \cdots, x^{(t)}, y^{(1)}, \cdots, y^{(t-1)})$$

自回归解码方式将序列整体概率分解成每一步条件概率的顺序乘积,这种分解的同时隐含了序列的顺序信息。显然,在每一步解码的过程中选择最优解,并不能保证最终取得损失最小的解。于是在解码的时候需要考虑每一步非最优解是否能够产生比选取局部最优解获得更好的全局损失。自回归方法本就是说通过将序列整体的概率分解成有顺序的条件概率的乘积来简化计算复杂度。如果为了获得全局最优在解码的时候遍历所有的生成路径,那么计算复杂度将难以承受。因此,解码的时候通常采用一种叫作束搜索(Beam Search)的策略,即每一步解码保留最佳的 k 个候选,限制搜索空间的宽度,因为全局最优通常在局部也会是较好的结果,这样就可以以较小的计算代价极大地逼近全局最优,尽可能地避免某一步的错误而导致后面的解码偏离。

束搜索是一种启发式搜索算法,通过使用广度优先搜索来构建其搜索树。在树的每个层级上,也就是解码的每一步,它都会生成当前级别上所有状态的后继者,并以路径上的概率累乘值作为启发式成本对它们进行升序排序。但是,它仅在每个级别上存储预定数量的 k 个最佳状态,k 称为束宽度或束尺寸(Beam Size)。接下来仅扩展那些被存储的状态。束宽度越大,修剪的状态越少。对于无限的束宽度,不会修剪任何状态,则束搜索与宽度优先搜索相同。束宽度限制了执行搜索所需的内存。由于可能会修剪目标状态,因此束搜索并不保证算法将得到最优解。在文本生成任务中,通常当束宽度内的某个结点产生结束符号 [END] 时就会停止扩展,并占据一个候选位置,之后的束宽度减一。如果产生了束宽度 k 个终止序列,或者达到搜索最大深度限制,即序列最大解码长度限制,束搜索便会停止。图 2-8 展示 $k=3$ 的束搜索过程。

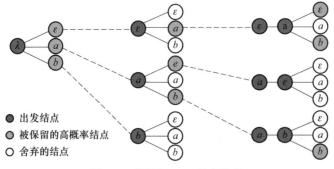

出发结点
被保留的高概率结点
舍弃的结点

图 2-8　宽度为 $k=3$ 的束搜索

图 2-8 的彩图

2.2.5   注意力机制及 Transformer 模型

编码器-解码器框架对序列到序列的过程进行了经典的建模,输入和输出的拆分为模型提供了很好的扩展性。当对神经网络的调整无法满足处理长序列的信息时,注意力机制被引入其中。注意力机制本是计算机视觉领域仿生的产物,是模仿人类观察事物时将焦点依次集中到感兴趣或重要的部分。在深度神经网络中,引入注意力的概念来表示输入数据不同部分的权重,用注意力向量衡量当前计算部分与输入各部分的关联程度,有重点地处理输入长序列的部分信息,动态地修正编码器给出的内容向量,解决内容向量和循环单元表达能力不足的问题。

注意力机制提出了查询(Query)、键(Key)和值(Value)的概念,键和值一一对应,查询与键计算相似度,再用相似度结果对值进行加权,得到查询需要的内容向量。具体到编码器解码器框架,序列的每个组成元素都可以得到查询、键和值的向量,用组成元素向量本身也可以。生成输出序列的每一步 j,以当前的解码器的状态作为查询 q 和输入序列的每一部分的键 k 计算注意力,再根据相似度对输入序列每一部分的值 v 加权得到此时需要的内容向量 C_j,计算过程如公式(2-10)-(2-12)。

$$C_j = \sum_i \alpha_{i,j} v_i \tag{2-10}$$

$$\alpha_{i,j} = \frac{\exp(\beta_{i,j})}{\sum_{i'} \exp(\beta_{i',j})} \tag{2-11}$$

$$\beta_{i,j} = \mathrm{attn}(q_{j-1}, k_i) \tag{2-12}$$

其中,α 是对 β 在输入序列方向做 softmax 进行归一化得到的注意力,attn 是相似度的打分函数,可以使用多种表示相似度计算的函数,如最常见的点积(DotProduct)、拼接(Concat)、全连接层(Additive Attention)等。在上述过程中,相似度越高表示当前步骤越应该关注对应的值,注意力引导相关的信息流入当前步骤,并弱化甚至丢弃那些不相关的部分,获得了更高效的表示。

以上通过解码过程我们介绍了注意力机制,列举了常见的打分方法。注意力机制不一定要对整个输入序列计算全局注意力(Global/Soft Attention),也可以只计算一个窗口内序列的局部注意力(Local/Hard Attention)。解码过程对编码信息计算注意力称为互注意力,序列也可以和自身计算注意力,称为自注意力。

既然注意力机制可以引导信息流向需要的位置,那是不是也可以取代神经网络的各种复杂的门控机制呢?于是,2017 年提出的 Transformer 模型便使用自注意力取代了传统的RNNs 等。

Transformer 也是一种由编码器和解码器组成的序列到序列模型。由于完全使用注意力机制实现,没有使用任何 RNNs 的结构,它能够直接学习序列的全局信息,并且能够并行计算。Transformer 最早用于机器翻译任务,但很快被推广到其他自然语言处理任务并取得了优异的表现。

如图 2-9 所示,Transformer 的编码器和解码器都是由 N 个相同的层堆叠而成。编码器每层都由一个多头注意力(MultiHead Attention)模块和前馈神经网络(Feed Forward)组成,

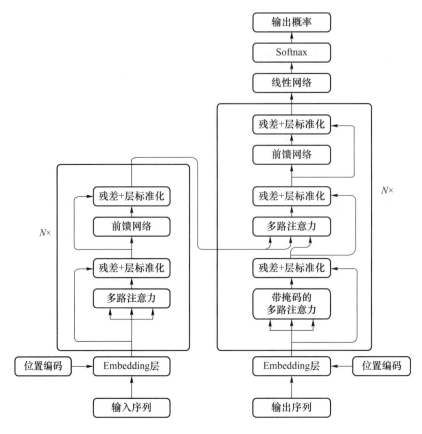

图 2-9　Transformer 模型结构

并通过残差连接(Residual Connection)和层标准化(Layer Normalization)来优化计算。解码器多加了一个带有掩码的多头注意力模块,以保证逐个解码的时候不会看到未来的信息。编码器和解码器的第一个多头注意力都是自注意力计算,即查询、键、值都来自同一序列,解码器的第二个多头注意力是其他序列到序列模型中常见的互注意力。

多头注意力是实现 Transformer 模型强大表示能力的重要结构,其通过多个不同的矩阵将查询(Q)、键(K)和值(V)分别线性变换映射到不同的空间,然后在每组映射空间使用点积注意力,最终将结果拼接输出,使模型融合了不同空间学习到的知识。其计算公式如(2-13)。

$$\text{Attention}(Q,K,V)=\text{softmax}(\frac{QK^{T}}{\sqrt{d_{k}}})V \tag{2-13}$$

其中 d_k 是表示 K 的维度,对权值做一个压缩,以保证其不会过大,以至于处于 softmax 函数梯度很小的区域。在编码器和解码器的第一个子层,Q,K 和 V 都是来自自身,而在解码器的子层,Q 和 K 是来自编码器输出的上下文向量。

由于 Transformer 模型完全使用注意力机制,每个词与其他词的距离都是一样的,为了获取序列在顺序上的信息,模型单独添加了位置编码(Positional Encoding),如公式(2-14)-(2-15)。

$$\text{PE}_{(\text{pos},2i)}=\sin(\text{pos}/10000^{2i/d_{\text{model}}}) \tag{2-14}$$

$$\text{PE}_{(\text{pos},2i+1)}=\cos(\text{pos}/10000^{2i/d_{\text{model}}}) \tag{2-15}$$

其中,pos 表示位置,i 表示维度,也就是说,位置编码的每一维都是一个正弦或余弦函数。使用正弦和余弦函数构建位置编码,可以表示任意位置,并且任意 PEpos+k 都能被 PEpos 的线性函数表示。

Transformer 模型的编码过程是可以并行的,每一次都是序列每个位置的元素计算自注意力。并行的处理过程意味着 Transformer 没有循环,也就不能将循环网络那种最终状态作为内容编码。这里可以理解,Transformer 编码器部分的最高层输出整体作为内容编码,解码过程的互注意力所参考的便是编码器生成的内容编码 C。

2.2.6　多样化生成方法

束搜索是几乎所有文本生成任务中所用到的方法。束搜索为了避免局部最优解将解码路线引入歧途,同时保持有限个解码结果,于是,不断迭代最终取整体损失最小的结果。这种解码过程中保留的候选结果是为同一目的而生成的,高度相似,其实可以看作是互相复述的结果。不过束搜索的过程是从前往后逐渐展开的,这也意味着被保留下来的高概率结果通常有共同的前缀,那么,多样性通常出现在尾端且差异有限。

2018 年,Vijayakumar 等人提出了多样化束搜索(Diverse Beam Search),对束搜索进行了针对多样性的改进,诱导束搜索的候选间产生尽可能大的差异,以避开已经出现的内容。其通过对解码过程中概率的动态调整,让生成结果避开已经出现的词汇来实现。并且专门针对起始位置设计了强化选项以促成起点的不同,同时也避免了同一语句内词汇重复出现的问题产生。但本就是为了更好的收敛结果设计的束搜索并不能产生足够多样化的效果。

那么,可以通过各种方式,引导模型生成不同的结果来实现复述生成的多样化。这类方法通常借鉴情感迁移、条件生成等其他自然语言生成。引导条件如果包含语义信息会导致语义的迁移变化而违背复述的初衷,即使设计了位置顺序、长度、新词等不涉及语义的条件来引导复述生成,也需要加入额外的模型,增加计算复杂度,并且也需要人工设计相关条件,而难以具有良好的扩展,似乎回到了基于规则的时代。而且,为了实现多样性,激发模型偏离原有解码轨迹,通常也会损失相似性的效果。

本章将改变这种正向引导的思路,从反向的角度思考,以设计通过避免重复来实现多样化。因此,我们提出了在编码端以避开原有内容,为条件的多样化复述生成方法,以通过让模型避开原句的不同部分来实现多样化的复述效果。

2.3　数据分析和处理

对复述的研究少不了对复述语料资源的依赖,即使无须使用复述语料而进行模型的训练和方法的学习,也需要高质量的复述语料对结果进行评价。

复述是灵活的表达,很难以自动化的方式获得相关资源。早期的复述研究主要是从一定量的文学作品中人工筛选出复述样本,整理制作成数据集的。这种方法不但依赖专家的专业知识判断,还非常耗时,因此,获得的数据是稀少的典型复述样本。即使通过自动化方式根据规则从语料中筛选复述句,样本量虽然可以有一定提升,但由于灵活的复述难以被规则捕获,仍然会形式单一。

随着基于计算机的自然语言处理技术的发展,研究人员会借助计算机进行自动化的复述获取。尤其是翻译领域积累的大量语料被用于制作复述的样本数据集。不同的翻译版本,不同的翻译方法得到的不同结果,都会构成语义相似表达不同的句子对。

通过自动化机制对机器翻译的数据集进行筛选和抽取获得了大量的复述数据。这些从翻译数据中构造的复述数据也大都继承了翻译数据平行语料的格式,即每组数据由一个原句和一个参考句组成。但是,灵活多变的复述是计算机难以判断的,因此,这类数据集虽然规模庞大,但是,质量普遍比较低,还存在复述形式的单一以及错误较多的情况。更糟糕的是,构造算法的水平决定了数据集的质量上限也制约了数据集的权威性。

高质量的复述数据集还是要依赖人工标注。互联网的兴起为此提供了极大的便利,一方面,众包的形式可以将劳动分摊给广大的志愿者,并且可通过多次标注取多数标签的方法来提升质量;另一方面,互联网公司对于复述识别和多样化表达的需求也会刺激市场生产出相关数据集,比如微软、推特等都在收集复述数据集。Quora 重复问题数据集,就是 Quora 网站为了识别重复的提问而标注的数据集,于 2017 年公开,总共有 400 万对问题被标注,其中 140 万对被标注为重复的问题对而被广泛应用于复述的相关研究。Quora 的数据集标注准确,来源广泛且包含各种复述形式,平行语料的格式适合深度学习模型,被作为近年来大多数复述研究的基准。本章将采用此数据集来进行模型训练和评价。

复述生成—代码

1. 读取 Quora 数据集,划分成训练集、验证集和测试集

```python
# Data/0dataprocess.py
import os
import nltk
import pandas
quora = pandas.read_table('quora_duplicate_questions.tsv',encoding = 'utf-8')

duplicate = quora[quora.is_duplicate == 1]
duplicate['question1'] = duplicate['question1'].apply(lambda x: nltk.tokenize.word_tokenize(x.lower()))
duplicate['question2'] = duplicate['question2'].apply(lambda x: nltk.tokenize.word_tokenize(x.lower()))

def set2pairtok(dataset:list):
    src = []
    tgt = []
    for item in dataset:
        src.append((item.qid1, item.question1))
        tgt.append((item.qid2, item.question2))
        assert len(src) == len(tgt)
    return (src, tgt)
train_set = []
valid_set = []
```

```python
test_set = []

cnt = 0
for item in duplicate.itertuples():
    if item.question2[-1] == '?':
        if cnt < 100000:
            train_set.append(item)
        elif cnt < 130000:
            test_set.append(item)
        else:
            valid_set.append(item)
        cnt += 1

train_src, train_tgt = set2pairtok(train_set)
valid_src, valid_tgt = set2pairtok(valid_set)
test_src, test_tgt = set2pairtok(test_set)
train_src[0], test_tgt[-1]

os.makedirs('../Prepare/Quora100k/', exist_ok=True)
with open('../Prepare/Quora100k/train.src', 'w', encoding='utf-8') as f:
    f.write('\n'.join([' '.join(item[1]) for item in train_src]))
with open('../Prepare/Quora100k/train.tgt', 'w', encoding='utf-8') as f:
    f.write('\n'.join([' '.join(item[1]) for item in train_tgt]))
with open('../Prepare/Quora100k/valid.src', 'w', encoding='utf-8') as f:
    f.write('\n'.join([' '.join(item[1]) for item in valid_src]))
with open('../Prepare/Quora100k/valid.tgt', 'w', encoding='utf-8') as f:
    f.write('\n'.join([' '.join(item[1]) for item in valid_tgt]))
with open('../Prepare/Quora100k/test.src', 'w', encoding='utf-8') as f:
    f.write('\n'.join([' '.join(item[1]) for item in test_src]))
with open('../Prepare/Quora100k/test.tgt', 'w', encoding='utf-8') as f:
    f.write('\n'.join([' '.join(item[1]) for item in test_tgt]))

def add_prompt_v(src:list, tgt:list, find_num:int=1):
    assert len(src) == len(tgt)
    src_r = []
    src_r2 = []
    src_r3 = []
    tgt_r = []
    for i in range(len(src)):
        if len(src[i][1]) < 3:
            continue
        find = 0
        for tok in src[i][1]:
            if tok not in tgt[i][1]:
```

```python
            if not find:
                    src_r.append([tok] + src[i][1])
                    tgt_r.append(tgt[i][1])
                elif find == 1:
                    src_r2.append([tok] + src[i][1])
                elif find == 2:
                    src_r3.append([tok] + src[i][1])
                find += 1
                if find >= find_num:
                    break
        if 0 < find < find_num:
            for tok in src[i][1]:
                if tok != src_r[-1][0]:
                    if find == 1:
                        src_r2.append([tok] + src[i][1])
                    elif find == 2:
                        src_r3.append([tok] + src[i][1])
                    find += 1
                    if find >= find_num:
                        break
        if find == 2:
            import IPython;IPython.embed()


    assert len(src_r) == len(tgt_r)
    if find_num == 3:
        assert len(src_r2)   == len(tgt_r) and len(src_r3) == len(tgt_r)
    return src_r, tgt_r, src_r2, src_r3


train_src_r, train_tgt_r = add_prompt_v(train_src, train_tgt)[:2]
valid_src_r, valid_tgt_r = add_prompt_v(valid_src, valid_tgt)[:2]
test_src_r, test_tgt_r, test_src_r2, test_src_r3 = add_prompt_v(test_src, test_tgt, find_num = 3)


os.makedirs('../Prepare/Quorar/', exist_ok = True)
with open('../Prepare/Quorar/train.src', 'w',encoding = 'utf-8') as f:
    f.write('\n'.join([''.join(item) for item in train_src_r]))
with open('../Prepare/Quorar/train.tgt', 'w',encoding = 'utf-8') as f:
    f.write('\n'.join([''.join(item) for item in train_tgt_r]))
with open('../Prepare/Quorar/valid.src', 'w',encoding = 'utf-8') as f:
    f.write('\n'.join([''.join(item) for item in valid_src_r]))
with open('../Prepare/Quorar/valid.tgt', 'w',encoding = 'utf-8') as f:
    f.write('\n'.join([''.join(item) for item in valid_tgt_r]))
with open('../Prepare/Quorar/test.src', 'w',encoding = 'utf-8') as f:
    f.write('\n'.join([''.join(item) for item in test_src_r]))
with open('../Prepare/Quorar/test.tgt', 'w',encoding = 'utf-8') as f:
```

```
        f.write('\n'.join([''.join(item) for item in test_tgt_r]))
with open('../Prepare/Quorar/test2.src', 'w', encoding = 'utf - 8') as f:
        f.write('\n'.join([''.join(item) for item in test_src_r2]))
with open('../Prepare/Quorar/test2.tgt', 'w', encoding = 'utf - 8') as f:
        f.write('\n'.join([''.join(item) for item in test_tgt_r]))
with open('../Prepare/Quorar/test3.src', 'w', encoding = 'utf - 8') as f:
        f.write('\n'.join([''.join(item) for item in test_src_r3]))
with open('../Prepare/Quorar/test3.tgt', 'w', encoding = 'utf - 8') as f:
        f.write('\n'.join([''.join(item) for item in test_tgt_r]))
```

代码生成两套数据集：Quora100k 仅仅对数据集进行了划分，适用于基本的序列到序列模型；为了训练自由复述生成，Quorar 数据集在划分的同时，把需要避免的提示词放在了输入句子句首的位置。

2. 预处理 Preprocess. py，把数据集打包成 pkl，从训练集生成词典

```
import logging
import os
import pickle
import data
import option


def preprocess(args):
    quora_train = data.Quora(prefix = args.data_path + 'train')
    quora_valid = data.Quora(prefix = args.data_path + 'valid')
    quora_test = data.Quora(prefix = args.data_path + 'test')
    if os.path.exists(args.data_path + 'test2.src'):
        logging.info('find supply testset.')
        quora_test2 = data.Quora(prefix = args.data_path + 'test2')
        quora_test3 = data.Quora(prefix = args.data_path + 'test3')
    logging.info('load plain text from % s' % args.data_path)

    vocab = quora_train.build_vocab(quora_train)
    logging.info('build vocab from trainset of size % d.' % len(vocab))

    trainset = data.QuoraSet(quora_train, vocab)
    validset = data.QuoraSet(quora_valid, vocab)
    testset = data.QuoraSet(quora_test, vocab)
    if os.path.exists(args.data_path + 'test2.src'):
        testset2 = data.QuoraSet(quora_test2, vocab)
        testset3 = data.QuoraSet(quora_test3, vocab)
# 下面是自由复述生成要使用的数据集
# trainset = data.QuorarSet(quora_train, vocab)
# validset = data.QuorarSet(quora_valid, vocab)
```

```
# testset = data.QuorarSet(quora_test, vocab)
# if os.path.exists(args.data_path + 'test2.src'):
#     testset2 = data.QuorarSet(quora_test2, vocab)
#     testset3 = data.QuorarSet(quora_test3, vocab)

    os.makedirs(args.cache_dir, exist_ok = True)
    pickle.dump(vocab, open(os.path.join(args.cache_dir, 'vocab.pkl'), 'wb'))
    pickle.dump(trainset, open(os.path.join(args.cache_dir, 'trainset.pkl'), 'wb'))
    pickle.dump(validset, open(os.path.join(args.cache_dir, 'validset.pkl'), 'wb'))
    pickle.dump(testset, open(os.path.join(args.cache_dir, 'testset.pkl'), 'wb'))
    if os.path.exists(args.data_path + 'test2.src'):
        pickle.dump(testset2, open(os.path.join(args.cache_dir, 'testset2.pkl'), 'wb'))
        pickle.dump(testset3, open(os.path.join(args.cache_dir, 'testset3.pkl'), 'wb'))
    logging.info('cache data to % s' % args.cache_dir)

if __name__ == '__main__':
    args = option.get_args()
    logging.basicConfig(format = '% (levelname)s: % (asctime)s: % (message)s', level = logging.INFO)
    preprocess(args)
```

2.4 项目实现

2.4.1 项目平台

操作系统：Windows、Linux、Mac OS 系统下均可运行，必须装有 Python 环境及使用到的相应工具包，且需保证程序所使用的服务器在当前可运行。

编程环境：Spyder 或 PyCharm。

2.4.2 模型结构

这里采用经典的编码器-解码器架构的序列到序列模型，并使用双向 GRU 以及注意力机制来获得更好的表现。

自由复述生成的数据集，已经将待复述句和提示的词汇建模成条件序列，我们用分隔符分开组成新的输入序列。具体的，序列到序列模型的输入通常会在两端加入启示符号 [SAT] 和终止符号 [END]，不必引入新的分隔符，而将提示词放在 [SAT] 前面即可。

```
import random
import torch
```

```python
from torch import nn
from torch.nn import functional as F


class Attention(nn.Module):
    """
    Args:
        encoder_dim @ encoder hidden dim
        decoder_dim @ decoder hidden dim
    Input:
        hidden @ [bsz * decoder_dim]
        memory @ [bsz * srclen * encoder_dim]
        mask @ [bsz * srclen]
    Output:
        attention @ [bsz * srclen]
    """

    def __init__(self, args):
        super().__init__()
        self.encoder_dim = getattr(args, 'encoder_dim', 512)
        self.decoder_dim = getattr(args, 'decoder_dim', 512)
        self.attn = nn.Linear((self.encoder_dim) + self.decoder_dim, self.decoder_dim)
        self.v = nn.Linear(self.decoder_dim, 1, bias = False)


    def forward(self, hidden, memory, mask = None):
        src_len = memory.shape[1]
        hidden = hidden.unsqueeze(1).repeat(1, src_len, 1)
        energy = torch.tanh(self.attn(torch.cat([hidden, memory], dim = -1)))
        attention = self.v(energy).squeeze(-1)
        if mask is not None:
            attention = attention.masked_fill(mask, 1e-10)
        return F.softmax(attention, dim = 1)


class GRUNet(nn.Module):
    """
    Args:
    Input:
        src @ [bsz * len]
        tgt @ [bsz * len]
        src_len @ [bsz]
    Output:
    """

    def __init__(self, vocab, args):
        super().__init__()
        self.vocab = vocab
```

```python
        self.embed_dim = getattr(args, 'embed_dim', 256)
        self.hidden_dim = getattr(args, 'hidden_dim', 512)
        self.layer_num = getattr(args, 'layer_num', 1)
        self.encoder_bidir = getattr(args, 'encoder_bidir', True)
        self.dropout_rate = getattr(args, 'dropout_rate', 0.3)
        self.teach_rate = getattr(args, 'teach_rate', 0.3)

        args.encoder_dim = self.hidden_dim * (2 if self.encoder_bidir else 1)
        args.decoder_dim = self.hidden_dim

        self.embedding = nn.Embedding(len(vocab), self.embed_dim, padding_idx = 0)
        self.dropout = nn.Dropout(p = self.dropout_rate)
        self.encoder = nn.GRU(self.embed_dim, self.hidden_dim, num_layers = self.layer_num,
batch_first = True, bidirectional = self.encoder_bidir)
        self.hidden_project = nn.Linear(self.hidden_dim * 2, self.hidden_dim, bias = False)
        self.attener = Attention(args)
        self.decoder = nn.GRU(self.embed_dim + args.encoder_dim, self.hidden_dim, num_layers
= self.layer_num, batch_first = True)
        self.out_project = nn.Linear(args.decoder_dim + args.encoder_dim, len(vocab))

    def encode(self, src, src_len = None):
        embed_src = self.embedding(src)
        embed_src = self.dropout(embed_src)
        if src_len is None:
            src_len = torch.sum(src.ne(0), dim = 1)
        src_mask = src.eq(0)
        packed_src = nn.utils.rnn.pack_padded_sequence(embed_src, src_len, batch_first =
True, enforce_sorted = False)
        packed_memory, hidden = self.encoder(packed_src)
        memory, memory_len = nn.utils.rnn.pad_packed_sequence(packed_memory, batch_first =
True)
        return src_mask, memory, hidden

    def decode_step(self, embed, hidden, memory, mask = None):
        embed = embed.unsqueeze(1)
        attention = self.attener(hidden[-1], memory, mask)
        weighted = attention.unsqueeze(-1) * memory
        weighted = torch.sum(weighted, dim = 1).unsqueeze(1)
        output, hidden = self.decoder(torch.cat([embed, weighted], dim = -1), hidden)
        return torch.cat([output, weighted], dim = -1), hidden

    def forward(self, src, tgt, src_len = None):
        src_mask, memory, hidden = self.encode(src, src_len)
```

```
            if self.encoder.bidirectional:
                hidden = self.hidden_project(torch.cat([hidden[0::2, :, :], hidden[1::2, :, :]],
dim = -1))
                hidden = torch.tanh(hidden)
        predicts = []
        pred = None
        for i in range(tgt.size()[1]):
            if pred is None or random.random() > self.teach_rate:
                embed_tok = self.embedding(tgt[:, i])
            else:
                embed_tok = self.embedding(pred)
            embed_tok = self.dropout(embed_tok)
            output, hidden = self.decode_step(embed_tok, hidden, memory, mask = src_mask)
            output = self.out_project(output)
            predicts.append(output)
            pred = torch.argmax(output[:, 0], dim = -1)
        predicts = torch.cat(predicts, dim = 1)
        return predicts


    @torch.no_grad()
    def generate(self, src, tgt = None, src_len = None, max_len = 50):
        src_mask, memory, hidden = self.encode(src, src_len)
        if self.encoder.bidirectional:
            hidden = self.hidden_project(torch.cat([hidden[0::2, :, :], hidden[1::2, :, :]],
dim = -1))
            hidden = torch.tanh(hidden)
        predicts = []
        tok = torch.tensor(self.vocab['<sos>']).repeat(src.shape[0], 1).to(src.device)
        while len(predicts) < max_len:
            embed_tok = self.embedding(tok)
            output, hidden = self.decode_step(embed_tok[:, 0], hidden, memory, mask = src_
mask)
            pred = self.out_project(output)
            tok = torch.argmax(pred, dim = -1)
            predicts.append(tok)
        return (torch.cat(predicts, dim = 1), )


    @torch.no_grad()
    def beam_search(self, src, tgt = None, src_len = None, max_len = 50, beam_size = 3):
        assert src.shape[0] == 1, 'beam search only support batch size 1.'
        src_mask, memory, hidden = self.encode(src, src_len)
        if self.encoder.bidirectional:
```

```
        hidden = self.hidden_project(torch.cat([hidden[0::2, :, :], hidden[1::2, :, :]],
dim = -1))
        hidden = torch.tanh(hidden)
    predicts = []

    tok = torch.tensor(self.vocab['<sos>']).repeat(src.shape[0], 1).to(src.device)
    embed_tok = self.embedding(tok)
    output, hidden = self.decode_step(embed_tok[:, 0], hidden, memory, mask = src_mask)
    pred = self.out_project(output)
    lprob = F.log_softmax(pred, dim = -1)
    score, tok = torch.topk(lprob.view(-1), beam_size)
    mask = src_mask.repeat(beam_size, 1)
    memory = memory.repeat(beam_size, 1, 1)
    hidden = hidden.repeat(1, beam_size, 1)
    results = []
    result = tok.unsqueeze(-1)
    search_size = beam_size
    while search_size and result.shape[1] < max_len:
        embed_tok = self.embedding(tok)
        output, hidden = self.decode_step(embed_tok, hidden, memory, mask = mask)
        pred = self.out_project(output)
        lprob = F.log_softmax(pred[0], dim = -1) + score.unsqueeze(-1)
        top_k, top_i = torch.topk(lprob.view(-1), beam_size)
        candidate = []
        score = []
        for i in range(search_size):
            if top_i[i] == self.vocab['<eos>']:
                search_size -= 1
                results.append((torch.cat([result[top_i[i]//len(self.vocab)], (top_i
[i] % len(self.vocab)).unsqueeze(-1)]), top_k[i]))
                if search_size:
                    mask = mask[:search_size]
                    memory = memory[:search_size]
                    hidden = hidden[:, :search_size, :]
            else:
                # import IPython;IPython.embed()
                candidate.append(torch.cat([result[top_i[i]//len(self.vocab)], (top_i
[i] % len(self.vocab)).unsqueeze(-1)]))
                score.append(top_k[i])
        if not search_size:
            break
        result = torch.cat(candidate).view(len(score), -1)
        score = torch.tensor(score).to(src.device)
```

```
        tok = result[:, -1]
    while search_size:
        search_size - = 1
        results.append([result[search_size], score[search_size]])
return (sorted(results, key = lambda x:x[1], reverse = True), )
```

2.4.3　训练方法

训练复述模型通常类似于机器翻译,会给出很多对原句和复述参考句组成的平行语料 $B=\{X^i,Y^i\},i=1,\cdots,N$,让模型学习根据输入的原句,生成类似参考句的输出。

对于每一组输入,选择原句中第一个没有在参考复述句中出现的原句的词汇,记做 x_0。如果某组样本的所有词汇都出现在参考复述句中,那么这组样本就会被丢弃而不参与训练。接下来将 x_0 拼接在原句的开头,并用起始符 [SAT] 隔开,原句 $X=[x_1,x_2,\cdots,x_S]$ 变成输入序列:

$$X'=[x_0,[SAT],x_1,x_2,\cdots,x_S,[END]] \tag{2-16}$$

然后将拼接好的序列输入模型。因为是训练阶段,解码的每一步都会输入真实参考句的上一个词汇,并得到与参考句等长(长度为 T)的输出 $Y'=[y_1,y_2,\cdots,y_T]$。最后,由输出序列和参考复述句计算交叉熵损失函数,反向传播优化模型参数。

由于每组样本都是一个原句和一个参考复述句,没在参考复述句中出现的原句的词数目也不同,所以每个样本都只选择一个词,也就是第一个没有在参考复述句中出现的原句词汇作为提示条件进行训练,而忽略其他没有在参考复述句中出现的词汇,以避免模型崩塌,提示不同的词都产生太相似的结果。策略如图 2-10 所示。

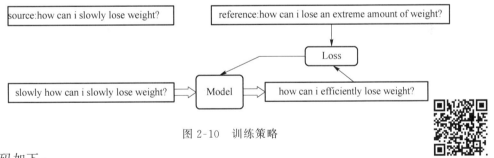

图 2-10　训练策略

图 2-10 的彩图

代码如下:

```
import logging
import os
import pickle
import torch
from torch.nn import functional as F
from torch.utils.tensorboard import SummaryWriter
from torch.utils.data import DataLoader
from tqdm import tqdm
```

```python
import data
import network
import option
import utility


class Trainer:
    def __init__(self, args):
        self.args = args
        self.device = args.device
        self.board = SummaryWriter(args.board_dir)
        self.max_grad_norm = args.max_grad_norm
        self.log_interval = args.log_interval
        logging.info('use device: %s' % self.device)

        if args.last_checkpoint:
            state = self.load_checkpoint(args.last_checkpoint)
            self.args = state['args']
            self.args.device = args.device
            self.args.max_grad_norm = args.max_grad_norm
            self.args.log_interval = args.log_interval
            self.args.epochs = args.epochs
        # args 是这次输入的参数，self.args 重装上次的参数，部分参数不重载

        if not os.path.exists(args.dump_dir):
            os.makedirs(args.dump_dir)

        self.vocab = pickle.load(open(os.path.join(self.args.cache_dir, 'vocab.pkl'), 'rb'))
        self.trainset = pickle.load(open(os.path.join(self.args.cache_dir, 'trainset.pkl'), 'rb'))
        self.validset = pickle.load(open(os.path.join(self.args.cache_dir, 'validset.pkl'), 'rb'))
        logging.info('load data from %s' % args.cache_dir)

        if args.model.lower().startswith('gru'):
            self.model = network.GRUNet(self.vocab, self.args).to(self.device)
        else:
            logging.error('model prefix is not define for %s' % args.model)
            raise NotImplementedError
        logging.info('create model %s' % args.model)
        self.criterion = torch.nn.CrossEntropyLoss(ignore_index=0)
        self.optimizer = torch.optim.Adam(self.model.parameters(), lr=5e-4) #, betas=(0.9, 0.98))
        self.scheduler = torch.optim.lr_scheduler.StepLR(self.optimizer, 300, gamma=0.99)
```

```python
        if args.last_checkpoint:
            self.model.load_state_dict(state['model'])
            self.optimizer.load_state_dict(state['optimizer'])
            self.scheduler.load_state_dict(state['scheduler'])
            log = state['log']
            self.step = log['step']
            self.aver_loss = float(log['aver_loss'])
            self.best_loss = log['best_loss']
            self.epoch = log['epoch']
        else:
            self.model.apply(utility.init_weights)
            self.step = 0
            self.aver_loss = 0
            self.best_loss = 1e9
            self.epoch = 0


    def load_checkpoint(self, path):
        state = torch.load(path, map_location='cpu')
        logging.info('load checkpoint from %s' % path)
        return state


    def save_checkpoint(self, name:str, epoch:int = 0, only_model:bool = False):
        log = {
            'step': self.step,
            'aver_loss': float(self.aver_loss),
            'best_loss': float(self.best_loss),
            'epoch': epoch,
        }
        state = {
            'args': self.args,
            'model': self.model.state_dict(),
            'optimizer': self.optimizer.state_dict(),
            'scheduler': self.scheduler.state_dict(),
            'log': log,
        }
        if only_model:
            state['optimizer'] = None
            state['scheduler'] = None
        path = os.path.join(self.args.dump_dir, '%s.checkpoint' % name)
        torch.save(state, path)
        logging.info('save checkpoint to %s' % path)


    def train_epoch(self):
```

```python
            self.model.train()
            loader = DataLoader(self.trainset, batch_size = 32, shuffle = True, collate_fn = data.
quora_collate)
            for i, item in tqdm(enumerate(loader)):
                self.step += 1

                self.optimizer.zero_grad()
                src, tgt = item[:2]
                src = src.to(self.device)
                tgt = tgt.to(self.device)
                pred = self.model(src, tgt[:, : -1])
                # import IPython;IPython.embed()
                loss = self.criterion(pred.view( -1, pred.shape[ -1]), tgt[:, 1:].reshape( -1))
                loss.backward()
                torch.nn.utils.clip_grad_norm_(self.model.parameters(), self.max_grad_norm)
                self.optimizer.step()
                self.scheduler.step()

                lprob = F.log_softmax(pred, dim = -1)
                nll_loss = F.nll_loss(lprob.view( -1, pred.shape[ -1]), tgt[:, 1:].reshape( -1),
ignore_index = 0)
                self.board.add_scalar('training_loss', loss, global_step = self.step)
                self.board.add_scalar('nll_loss', nll_loss, global_step = self.step)
                self.board.add_scalar('PPL', torch.exp(nll_loss), global_step = self.step)
                self.board.add_scalar('learning_rate', self.scheduler.get_lr()[0], global_step =
self.step)
                self.aver_loss += loss
                if self.step % self.log_interval == 0:
                    # for name, value in self.model.named_parameters():
                    #     self.board.add_histogram(name, value, global_step = self.step)
                    logging.info('[iter % 6d/% 6d] loss: % .3f | nll: % .3f | lr: % 6s' % (self.
step, len(loader), self.aver_loss/self.log_interval, nll_loss, self.scheduler.get_lr()[0]))
                    self.aver_loss = 0

    @torch.no_grad()
    def validate(self):
        loader = DataLoader(self.validset, batch_size = 32, collate_fn = data.quora_collate)
        all_loss = 0
        self.model.eval()
        for item in tqdm(loader):
            src, tgt = item[:2]
            src = src.to(self.device)
            tgt = tgt.to(self.device)
```

```
            pred = self.model(src, tgt[:, :-1])
            loss = self.criterion(pred.view(-1, pred.shape[-1]), tgt[:, 1:].reshape(-1))
            all_loss += loss
        average_loss = all_loss / len(loader)
        logging.info('valid loss: %f' % average_loss)
        return average_loss

    def train(self):
        for epoch in range(self.epoch, self.args.epochs):
            self.train_epoch()
            self.save_checkpoint('epoch%d' % epoch, epoch)
            valid_loss = self.validate()
            self.board.add_scalar('valid_loss', valid_loss, global_step=epoch)
            logging.info('epoch %d completed, save model to %s' % (epoch, self.args.dump_
dir))
            if valid_loss < self.best_loss:
                best_loss = valid_loss
                self.save_checkpoint('best', epoch, only_model=True)
                logging.info('update best model.')


if __name__ == '__main__':
    args = option.get_args()
    logging.basicConfig(format='[%(asctime)s]%(levelname)s: %(message)s', level=logging.
INFO)
    trainer = Trainer(args)
    trainer.train()
```

训练过程如图 2-11 所示,可以看到损失函数值 loss 在逐步下降。

```
1674it [3:08:21,  5.46s/it][2021-08-26 13:46:06,128]INFO: [iter  17300/  3125] loss:1.509 | nll:1.167 | lr: 0.0002819525952261938
1774it [3:16:47,  4.85s/it][2021-08-26 13:54:32,345]INFO: [iter  17400/  3125] loss:1.550 | nll:1.407 | lr: 0.0002763417385811925
1874it [3:25:25,  5.01s/it][2021-08-26 14:03:10,788]INFO: [iter  17500/  3125] loss:1.547 | nll:1.428 | lr: 0.00027913306927393185
1974it [3:33:48,  5.39s/it][2021-08-26 14:11:32,388]INFO: [iter  17600/  3125] loss:1.532 | nll:1.692 | lr: 0.00027913306927393185
2074it [3:42:13,  5.41s/it][2021-08-26 14:19:58,609]INFO: [iter  17700/  3125] loss:1.525 | nll:1.304 | lr: 0.0002735783211953806
2174it [3:50:51,  4.37s/it][2021-08-26 14:28:36,332]INFO: [iter  17800/  3125] loss:1.518 | nll:1.319 | lr: 0.0002763417385811925
2274it [3:59:03,  4.88s/it][2021-08-26 14:36:47,445]INFO: [iter  17900/  3125] loss:1.561 | nll:1.306 | lr: 0.0002763417385811925
2374it [4:07:22,  5.62s/it][2021-08-26 14:45:08,061]INFO: [iter  18000/  3125] loss:1.564 | nll:1.767 | lr: 0.0002708425379834268
2474it [4:15:47,  4.92s/it][2021-08-26 14:53:32,899]INFO: [iter  18100/  3125] loss:1.569 | nll:1.508 | lr: 0.0002735783211953806
2574it [4:24:13,  5.69s/it][2021-08-26 15:01:58,647]INFO: [iter  18200/  3125] loss:1.548 | nll:1.351 | lr: 0.0002735783211953806
2674it [4:51:58,  4.02s/it] [2021-08-26 15:29:44,564]INFO: [iter  18300/  3125] loss:1.564 | nll:2.121 | lr: 0.0002681341126035925
2774it [4:58:50,  4.31s/it][2021-08-26 15:36:34,562]INFO: [iter  18400/  3125] loss:1.526 | nll:1.494 | lr: 0.0002708425379834268
2874it [5:05:42,  4.65s/it][2021-08-26 15:43:26,991]INFO: [iter  18500/  3125] loss:1.567 | nll:1.442 | lr: 0.0002708425379834268
2974it [5:12:35,  4.01s/it][2021-08-26 15:50:19,066]INFO: [iter  18600/  3125] loss:1.541 | nll:1.628 | lr: 0.0002654527714775566
3074it [5:19:13,  4.07s/it][2021-08-26 15:56:58,497]INFO: [iter  18700/  3125] loss:1.574 | nll:1.627 | lr: 0.0002681341126035925
3125it [5:22:57,  6.20s/it]
[2021-08-26 16:00:38,357]INFO: save checkpoint to D:\practicebook3\code10\log\gru\checkpoint\epoch5.checkpoint
100%|██████████| 567/567 [05:28<00:00,  1.73it/s]
[2021-08-26 16:06:06,925]INFO: valid loss: 2.432503
[2021-08-26 16:06:06,927]INFO: epoch 5 completed, save model to D:\practicebook3\code10\log\gru\checkpoint
[2021-08-26 16:06:07,216]INFO: save checkpoint to D:\practicebook3\code10\log\gru\checkpoint\best.checkpoint
[2021-08-26 16:06:07,216]INFO: update best model.
49it [03:22,  4.44s/it][2021-08-26 16:09:32,776]INFO: [iter  18800/  3125] loss:1.450 | nll:1.142 | lr: 0.0002681341126035925
149it [09:56,  3.63s/it][2021-08-26 16:16:10,827]INFO: [iter  18900/  3125] loss:1.316 | nll:1.532 | lr: 0.000262798243762781
249it [16:39,  4.76s/it][2021-08-26 16:22:51,005]INFO: [iter  19000/  3125] loss:1.351 | nll:1.358 | lr: 0.0002654527714775566
349it [23:20,  4.46s/it][2021-08-26 16:29:30,802]INFO: [iter  19100/  3125] loss:1.336 | nll:1.026 | lr: 0.0002654527714775566
449it [30:10,  4.09s/it][2021-08-26 16:36:21,343]INFO: [iter  19200/  3125] loss:1.397 | nll:1.162 | lr: 0.0002601702613251532
549it [36:52,  3.87s/it][2021-08-26 16:43:02,981]INFO: [iter  19300/  3125] loss:1.411 | nll:1.247 | lr: 0.000262798243762781
568it [38:11,  3.96s/it]
```

图 2-11　训练过程截图

2.4.4　推理方法

显然,测试和训练应当有相同的输入格式。给出一个测试句作为原句,我们将通过枚举它的每一个词作为提示条件来引导模型输出一组多样化的复述句。假设要得到 k 个词汇,对于长度 S 大于 k 的测试句 $X=[x_1,x_2,\cdots,x_S]$,我们将构造 k 个输入序列:

$$X'_i=[x_i,[\text{SAT}],x_1,x_1,\cdots,x_S,[\text{END}]]\ ,i=1,\cdots,k \tag{2-17}$$

将构造好的输入序列一个接一个地输入给模型,我们会得到 k 个输出 $\{Y'_1,Y'_2,\cdots,Y'_k\}$,作为多样化复述的候选句。当然,在测试的时候不会给出任何参考复述句的信息,每一步解码也只依赖模型之前的输出。

对于平行语料数据集,每组测试有 k 个输出,但只有一个参考复述句。k 个输出是发散的多样化复述结果,而参考句是人工标注的一种复述结果。如果输出中有句子可以拟合人工标注结果,那么说明模型成功生成复述,并且覆盖到了人工标注的那方面。因而,在计算相似性的时候每组输出选择和人工标注结果最相似的候选复述句进行计算。

对于多样性,则统计 k 个候选复述句之间的相似性,相似性越低意味着候选句之间越不相同,多样性越好。推理策略,如图 2-12 所示。

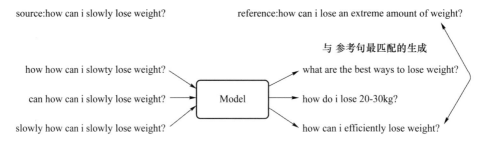

图 2-12　推理策略

代码如下:

```
import logging
import os
import pickle
import torch
from tqdm import tqdm
import data
import network
import option


class Generator:
    def __init__(self, args):
        ckpath = os.path.join(args.dump_dir, '%s.checkpoint'% args.checkpoint)
        state = torch.load(ckpath, map_location='cpu')
        for argument in dir(state['args']):
```

```
                    if getattr(state['args'], argument) is not None and getattr(args, argument, None) is
None:
                        setattr(args, argument, getattr(state['args'], argument))
            logging.info('load checkpoint from %s' % ckpath)

        self.args = args
        self.device = args.device
        self.vocab = pickle.load(open(os.path.join(args.cache_dir, 'vocab.pkl'), 'rb'))
        self.testsets = [pickle.load(open(os.path.join(args.cache_dir, 'testset.pkl'), 'rb'))]
        if os.path.exists(os.path.join(args.cache_dir, 'testset2.pkl')):
            self.testsets.append(pickle.load(open(os.path.join(args.cache_dir, 'testset2.pkl
'), 'rb')))
            self.testsets.append(pickle.load(open(os.path.join(args.cache_dir, 'testset3.pkl
'), 'rb')))
        os.makedirs(args.pred_dir, exist_ok = True)

        if args.model.lower().startswith('gru'):
            self.model = network.GRUNet(self.vocab, args)
        else:
            logging.error('prefix is not define for %s' % args.model)
            raise NotImplementedError
        self.model.load_state_dict(state['model'])
        self.model.to(self.device)
        self.model.eval()


    def tok2word(self, batch_tok):
        batch_size, length = batch_tok.shape[:2]
        sentences = []
        for i in range(batch_size):
            sent = []
            for j in range(length):
                word = self.vocab.itos[batch_tok[i][j]]
                if word == '<eos>':
                    break
                sent.append(word)
            sentences.append(sent)
        return sentences


    @torch.no_grad()
    def generate(self, testset, save_file = None):
        self.model.eval()
        loader = torch.utils.data.DataLoader(testset, batch_size = 64, collate_fn = data.quora
_collate)
```

```
        logging.info('generate result for testset with batch %d' % len(loader))

        results = []
        for i, item in tqdm(enumerate(loader)):
            src = item[0].to(self.args.device)
            pred = self.model.generate(src, max_len=self.args.max_len)[0]
            result = self.tok2word(pred)
            results += result

        if save_file:
            save_file = os.path.join(self.args.pred_dir, save_file)
            open(save_file, 'w').write('\n'.join([' '.join(item) for item in results]))
            logging.info('save result to %s' % save_file)
        return results

    @torch.no_grad()
    def beam_search(self, testset, beam_size=3, save=True):
        self.model.eval()
        loader = torch.utils.data.DataLoader(testset, batch_size=1, collate_fn=data.quora_
collate)
        logging.info('generate result for testset with batch %d' % len(loader))

        results = []
        for i, item in tqdm(enumerate(loader)):
            src = item[0].to(self.args.device)
            predict = self.model.beam_search(src, max_len=self.args.max_len, beam_size=
beam_size)[0]

            beam = []
            for i in range(beam_size):
                sent = []
                for tok in predict[i][0].view(-1):
                    word = self.vocab.itos[tok]
                    if word == '<eos>':
                        break
                    sent.append(word)
                beam.append(''.join(sent))
            results.append(beam)

        if save:
            beams = list(zip(*results))
            for i, beam in enumerate(beams):
                result = '\n'.join(beam)
                open(os.path.join(self.args.pred_dir, 'pred_%d.txt' % i), 'w').write(result)
```

```
        logging.info('save result to % s' % self.args.pred_dir)
        return results


def test(args):
    generator = Generator(args)
    if len(generator.testsets) == 1:
        generator.beam_search(generator.testsets[0])
    if len(generator.testsets) == 3:
        for i, testset in enumerate(generator.testsets):
            generator.generate(testset, save_file ='pred_ % d.txt'% i)


if __name__ == '__main__':
    args = option.get_args()
    logging.basicConfig(format ='[ % (asctime)s] % (levelname)s: % (message)s', level = logging.
INFO)
    test(args)
```

为了针对测试集生成多样化复述,我们有以下两种方法:

(1) 对于 Quora100k 中的测试集,使用 beam-search 生成概率最高的 3 个句子,调用代码中的 beam-search 函数来实现。

(2) 自由复述需要控制"不想生成什么"。使用 Quorar 中的训练集已经训练好的模型,避开了出现在源句子中却不在复述句中的词,模型已经学会了这个模式。推理时,把出现在源句子中却不在复述句中的前 3 个词作为提示词,输入 3 句得到 3 种复述。

可以对两种方法的性能进行对比分析。

2.5　性　能　分　析

2.5.1　复述评价方法

复述是用不同的方式对同样的语义再次的表达。对复述效果的评价也相应地包含两个维度:相似性——对原有语义的保持效果;多样性——表达方式的变化程度。

相似性也称为一致性或准确性,这里包含流畅程度的含义,不仅是复述生成,也是机器翻译、自动文摘、问答系统都需要评价的指标。即判断生成的文本是否符合预期含义,是否稳定流畅。在相似性的评价上,复述生成任务通常使用其他自然语言生成任务成熟的评价指标来评测相似性。常用的评价指标有来自机器翻译的 BLEU。

BLEU 是基于 N 元语法(连续的 n 个语言符号,n-gram)计算相似度的指标,通过统计一组参考文本与生成的候选文本中共同出现的连续 n-gram 占参考文本中 n-gram 的比重来表示相似度。其计算公式如(2-18)所示。

$$BLEU = BP * \exp(\sum_{n=1}^{N} \omega_n \log p_n)$$

$$p_n = \frac{\sum_{C \in (\text{Candidates})} \sum_{n\text{-gram} \in C} \text{Count}_{\text{clip}}(n\text{-gram})}{\sum_{C' \in (\text{Candidates})} \sum_{n\text{-gram}' \in C'} \text{Count}_{\text{clip}}(n\text{-gram}')}$$

$$\text{BP} = \begin{cases} 1, & \text{if } c > r \\ e^{1-r/c}, & \text{if } c \leqslant r \end{cases} \qquad (2\text{-}18)$$

这里的 N 一般取 4,其中 c 表示系统生成文本长度,r 表示参考文本的长度,BP 是惩罚因子,削弱不完整的生成结果的分数,$\text{Count}_{\text{clip}}$ 是截取计数,取参考中出现最少的 n-gram,p_n 表示 n-gram 共同出现的比例,ω_n 是相应的权重。

多样性是复述生成的特色指标,用以评价生成结果是否多样化,是否不同于输入,且多个输出之间有差异。换言之,还是判断相似性,只不过希望生成结果之间的相似度尽可能低。那么,显然可以直接借用相似性的指标在输出之间计算相似度,进而以越低的相似度表示越高的多样性。比如,基于 BLEU 的 self-BLEU 指标。

2018 年,Zhu 等人提出了 self-BLEU 指标来评测模型生成的文本的多样性。对于模型生成的一组文本,分别把每一个当作 BLEU 中的候选句,其他结果作为参考句,计算 BLEU 数值,最后在取平均数得到 self-BLEU 的数值,表征自身相似情况,数值越低代表共同出现的 n-gram 越少。对于一组生成结果 YS,self-BLEU 计算方式如公式(2-19)所示。

$$\text{self-BLEU} = \frac{1}{N} \sum_{Y_i \in \text{YS}} \text{BLEU}(Y_i, \{Y_j \mid Y_j \in \text{YS}, i \neq j\}) \qquad (2\text{-}19)$$

其中,N 表示生成结果的数目,是一个超参数,意味着用 self-BLEU 对比不同模型生成结果,每组生成结果的数目必须相同。基于相似性指标构造的多样性指标都需要这一约束,毕竟越多的生成结果越容易重叠。

Moses 是一套用于机器翻译的工具,很多序列到序列的应用问题都可以借鉴其中的方法,或者其中的一部分代码。Moses 机器翻译工具集,包含了 BLEU 评估的脚本程序,这里我们就使用批处理的方法调用其中的 Perl 语言代码计算 BLEU。

```
#eval.sh
model = gru
# model = transformer
pred = ../log/pred_$model.txt
pred2 = ../log/pred2_$model.txt
pred3 = ../log/pred3_$model.txt
ref = ../Prepare/Quora100k/test.tgt


# self-bleu
echo "selfBLEU"
cat $pred | perl ../lib/mosesdecoder/scripts/generic/multi-bleu.perl $pred2 $pred3


# bleu
echo "BLEU"
cat $pred | perl ../lib/mosesdecoder/scripts/generic/multi-bleu.perl $ref
cat $pred2 | perl ../lib/mosesdecoder/scripts/generic/multi-bleu.perl $ref
cat $pred3 | perl ../lib/mosesdecoder/scripts/generic/multi-bleu.perl $ref
```

2.5.2　实验结果

实验在 Quora 数据集上进行。采用常用的划分方法划分训练集、验证集和测试集。由于自由复述方法需要原句的词有一定数目，所以清洗掉数据集中输入句的词数目不到 5 的样本。

对方法的评价从相似性和多样性两个方面进行，相似性采用 BLEU 指标，多样性采用 self-BLEU 指标。自由复述生成方法按照前面所讲的每组选择前三个词作为提示词获得三个候选复述句。实验结果如表 2-1 所示。

表 2-1　实验结果

Method	BLEU2 ↑	BLEU3 ↑	BLEU4 ↑	self-BLEU2 ↓	self-BLEU3 ↓	self-BLEU4 ↓
LSTM(Beam)	33.2	21.4	14.6	70.9	60.9	52.7
LSTM(FSPM)	36.7	26.3	19.7	53.8	44.4	38.0

自由复述生成效果，如图 2-13 所示。

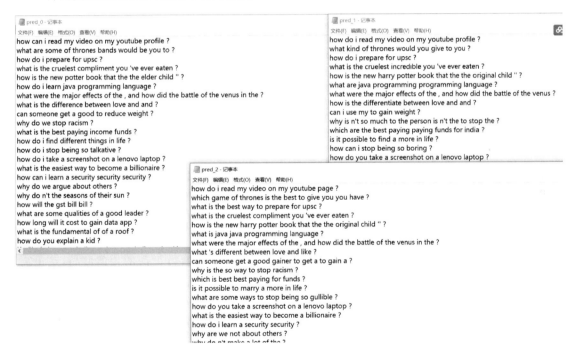

图 2-13　自由复述生成的 3 种复述对比

思考题：

1. 实现图形用户界面。

2. 针对中文数据集实现自由复述。

3. 采用 Transformer 模型实现自由复述。

复述生成—讲解视频

第3章
基于大数据的电影推荐

在信息爆炸的时代,推荐的应用范围变得广泛。依据应用领域的不同,数据集的差别会很大,那么推荐应用的需求和结果的评价方法也会有很大差异,因此推荐方法可能就完全不同。

推荐方法大致可以分为以下几类:

(1)基于内容的推荐。例如手机报的个性化阅读推荐、维基百科词条的引电影推荐—课件文推荐等,这类需求可以通过计算文本、图像等内容的相似度来进行推荐。

(2)基于评分的推荐。例如豆瓣网上的书籍、音乐、电影推荐等,这类需求可以通过预测评分来进行推荐。本章将主要讲述这方面的模型和算法。

(3)混合推荐。在实际应用中为了提高生产效率,更常见是混合推荐系统,系统会根据应用需求综合各种方法达成推荐效果。

在推荐系统中,会涉及两类实体:用户(User)和物品(Item)。经典的协同过滤(Collaborative Filtering,CF)推荐算法也从两个方面入手进行评分预测和推荐:

(1)基于用户的协同过滤(User-based CF)是给某用户推荐相似用户所喜好的商品,这里需要根据用户行为、用户标签、地理位置等信息计算用户的相似度,然后再根据评分的排序结果进行推荐。

(2)基于物品的协同过滤(Item-based CF)是给某用户推荐喜好商品的相似商品,这里需要根据物品的类别、属性、时间效应等信息计算物品的相似度,然后再根据评分的排序结果进行推荐。

在推荐系统的工作过程中,要解决的问题是根据用户的特征、物品的特征,给出"相似用户"和/或"相似物品"集合或序列。在实际应用中常常是结合各种特征计算评分的。

无论推荐系统的数据集多么复杂,经过处理后,大致都会有如图3-1所示的类别示样。

对于一些电子商务网站,数据量大,用户信息也非常丰富,为了方便计算出用户的相似度,提高实时推荐的效率,网站一般会在后台计算出"用户画像"并保存,以提高推荐的性能和效率。

限于篇幅,本章主要讲解基于模型的协同过滤推荐,该方法源于2006年的Netflex大赛,其数据集仅是用户对电影的评分,推荐系统采用大数据平台Spark实现。

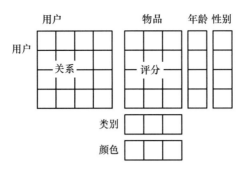

图 3-1　用户-物品数据集示例

3.1　项目分析和设计

3.1.1　需求分析

本项目采用 MovieLens 提供的公开数据集,里面的数据是用户对电影的评分数据。MovieLens 提供了不同规模的数据集,以便于测试推荐算法的性能,如表 3-1 所示。

表 3-1　MovieLens 数据集

	ml-20m.zip	ml-1m.zip	ml-100k.zip
用户数	13.8 万	6040	943
电影数	2.7 万	3952	1682
评分项数目	2000 万	100 万	10 万
评分矩阵稀疏度	约 0.00537	约 0.00424	约 0.063

我们可以把用户对电影的评分看作是一个矩阵,每个用户是一行,每个电影是一列,只不过这个矩阵里只有个别项有数值,大部分为 NULL,称为"稀疏矩阵"。表 3-1 中的稀疏度是指评分项数目与矩阵大小的比值。

为了隐私保护,数据集中去掉了敏感信息,每个用户和电影都具有各自的编号。ml-1m. zip 压缩包里主要有 3 个文件:

(1) ratings.dat 文件的格式为:UserID::MovieID::Rating::Timestamp

UserID	MovieID	Rating	Timestamp
用户编号	电影编号	评分(1-5 分)	评分时间戳

(2) users.dat 文件的格式为:UserID::Gender::Age::Occupation::Zip-code

UserID	Gender	Age	OccupationID	Zip-code
用户编号	性别	年龄	职业编号	地区

（3）movies.dat 文件的格式为：MovieID∷Title∷Genres

MovieID	Title	Genres
电影编号	名称	类型

其中 ratings.dat 文件中的信息，如图 3-2 所示。

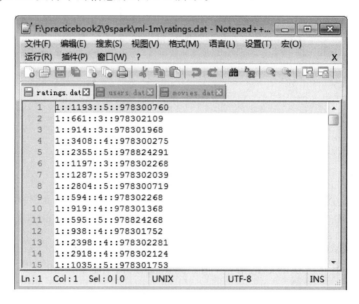

图 3-2　ratings.dat 文件

需要注意，这 3 个压缩包里的数据文件格式可能不同，其分隔符不一定总是"双冒号"，也可能是空格分隔或逗号分隔。

在处理大数据时，稀疏矩阵的存储要使用类似 ratings.dat 的格式，仅仅存储评分项，而不是存储完整的稀疏矩阵，在计算时也一样。否则，只给这一个评分矩阵分配存储单元，普通计算机的内存空间都不够用。

本项目中，主要使用 ratings.dat 设计推荐算法进行个性化推荐，并不关心用户的其他特征，其中 movies.dat 用来提取电影名称，进行展示时比较直观。

针对这样一个简单的稀疏矩阵，要进行个性化推荐，其难点在于推荐算法的设计。基于模型的推荐算法的主要思想是：某用户对一个电影评分较高，其背后一定是有原因的，可能喜欢该电影的题材，或者配乐，或者表现手法。虽然这些原因我们不知道，仅看到评分，但是我们可以理解这样的原因是存在的，我们可以假设这些原因是一个潜在特征向量。

"向量"表示这样的原因是多维的，用向量来表示用户的潜在喜好。潜在特征向量不同于显式特征向量，例如用户的性别、年龄、职业、地区等信息可以表示为一个 4 维特征（Gender，Age，OccupationID，Zip-code），这是显式特征。而使用我们能想到的人工构造的显式特征建模时，推荐性能可能不够理想，所以我们希望提取用户的潜在特征。潜在特征向量是通过算法得到的隐向量，向量的每一维具体是什么含义，我们无法解释，只能说每一维的值可以表示用户某方面的特征明显与否。

同理，每个电影也应该由自己的隐向量来表示潜在特征，比如某电影被大众认可，评分很高，那么它背后一定是有原因的，它的潜在特征向量的绝大部分维度的取值可能都比较高。

我们不需要去解释每一维的具体含义还有一个原因,那就是在推荐时只需要计算向量的距离,来衡量用户的相似度、用户与电影的相似度,而并不需要关心每一维的含义。

本项目将采用 Python 语言编程实现矩阵分解算法,把稀疏的评分矩阵分解为两个潜在的特征矩阵,在此基础上测试推荐的效果。涉及的知识点包括:

- 大数据处理知识
- 矩阵分解原理
- 大数据应用架构

1. 功能需求

(1) 对评分矩阵进行矩阵分解,获得用户的潜在特征向量和电影的潜在特征向量。

(2) 使用隐向量进行个性化推荐,给一个用户推荐可能最喜欢的几部电影。

(3) 把数据集分为训练集和测试集。把评分项预留 10% 作为测试集,不参与矩阵分解,然后使用这 10% 的数据来测试推荐效果。

2. 性能需求

评估推荐系统的最基本的指标是准确度指标,衡量的是推荐算法在多大程度上能够准确预测用户对推荐物品的偏好程度。另外还有衡量推荐的丰富度和多样性等指标。

推荐的性能评价指标比较多,容易理解的是:给用户推荐 n 个物品(带排序的),被用户点击或购买了 m 个,这 m 个在推荐列表中是不是排名靠前,评价指标有 NDCG,还有 MAP 等。但是本项目使用的数据集中并没有这方面的反馈信息。

本项目基于矩阵分解算法进行推荐,在矩阵分解的基础上预测用户对电影的评分,把预测评分高的电影作为推荐结果。虽然我们无法直接评价推荐的效果,但是可以评估预测评分的准确性。

均方误差(Mean Squared Error,MSE)用评分的真实值减去预测值得到评分误差,计算所有评分的平均平方误差:$\frac{1}{m}\sum\limits_{m}(R_m - \hat{R}_m)^2$。我们可以在训练集上作矩阵分解,然后在测试集上计算均方误差。

均方根误差(Root Mean Squard Error,RMSE)是对 MSE 开根号,在实际应用中比较常用。本项目使用 RMSE 进行算法性能评价。

3.1.2　总体设计

按照功能需求和性能需求,应用开发过程分为以下 4 个步骤。

(1) 数据预处理进行数据集的整理。在大数据应用中,往往需要数据爬取、分析,处理成满足算法所要求的格式。在这里使用第三方整理好的数据集,相对简单很多。首先读取 ratings.dat 文件数据生成评分矩阵 $\boldsymbol{R}(N \times M$ 维),然后按照 9∶1 的比例划分训练集和测试集。

(2) 矩阵分解是本应用的关键,推荐效果直接依赖于矩阵分解算法的性能。具体根据分解公式迭代更新参数,即用户和电影的特征向量 $\boldsymbol{U}$ 和 $\boldsymbol{V}$。在实现过程中,加入了数值中心化,因此矩阵分解中除了更新 $\boldsymbol{U}$ 和 $\boldsymbol{V}$,还需更新用户和电影的偏置参数 $\boldsymbol{B}$ 和 $\boldsymbol{C}$。

(3) 基于矩阵分解的推荐可以直接评估 RMSE,在矩阵分解的基础上,预测测试集中的用户对电影的评分,计算与真实评分的均方根误差,该值越小越好,说明分解得到的两个潜在特征向量能够代表用户和电影的隐特征。

在大数据应用中还需要评估时间效率,尤其是在线应用响应不及时,用户体验差,会大大影响应用的推广。

(4) 推荐。在获得用户和电影的潜在特征向量后,针对需要进行推荐的用户,预测用户对电影的评分,即计算两个向量的距离,对评分进行排序,把预测评分较高的前 n 项作为推荐项。

应用开发过程,如图 3-3 所示。

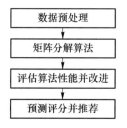

图 3-3　应用开发过程

本项目程序先使用 Python 语言编程实现矩阵分解,测试在小规模数据集上算法的性能,再探讨基于 Spark 平台 MLlib 框架提供的 ALS 算法进行矩阵分解,以适用于大数据应用。

3.2　大数据基础

3.2.1　大数据应用

1. 数据的发展史

电子数据的发展历程经历了以下四代:

第一代:早期的电子数据来源于之前的实际生产环境,一般是数值型数据,常常存储在一个文件中,尤其是 excel 电子表格文件中,比如公司的人事报表,商场的销售报表。

这个时代的数据的典型特点是"结构化"数据。

使用文件存储数据便于分享,但这也导致了数据的"真相"可能会有许多版本。

第二代:随着数据管理需求的增长,比如商场需要存储每月的进、销、库存等各种报表,数据库管理系统就大受欢迎,成为数据发展史上的重要里程碑。

关系型数据库是最常见的数据库,在关系型数据库管理系统(RDBMS)的帮助下工作的使用会很方便,应用很广。我们今天所使用的绝大部分数据库系统都是 RDBMS,包括 Oracle、SQL Server、MySQL、Sybase、DB2、TeraData 等。

关系型数据库的典型特点是:

(1) 数据库基本上就是一个表(实体)集合,表由列和行(变量集)构成,这些表存在约束,相互之间定义了关系。

(2) 通过 SQL 语句访问数据库,结果集通过访问一个或多个表的查询生成。单个查询里被访问到的多个表,一般是利用在表关系列里定义的范式被"连接"到一起的。

(3) 规范化是关系型数据库使用的一种数据结构模型,能保证数据一致性并消除数据冗余。

这个时代的特点是各个公司围绕自身的"业务"来存储和管理数据,以业务数据为主。

关系型数据库中存储的仍然是结构化数据。而在大数据时代,使用关系型数据库的局限在于:

(1) 表结构更改困难。

(2) 数据库管理系统的输入/输出压力大。

第三代:随着数据量的增长,人们发现使用数据仓库的必要性,其可以存储大量历史记录,用于决策支持。数据仓库可以对多个异构的数据源进行有效集成,按主题进行重组,而且存放在数据仓库中的数据一般不再修改。所以,数据仓库是一个面向主题的、集成的、相对稳定的、反映历史变化的数据集合,用于管理决策支持。

数据仓库和数据挖掘是为"商业智能"而存在的,一般由大型企业、机构建立各自的系统,这也是这个时代的典型特点。在大数据时代使用这样的系统,主要缺点是应用的灵活性不足。

第四代:随着网络技术的发展,特别是互联网的飞快发展,数据的形式、存储、计算发生了重大变化,并进入了大数据时代。

数据的形式不仅有数值型数据,还有文字、语音、图形、图像、视频、动画等各种数据形式。另外,图数据在各行各业中也被广泛使用,比如结构图、关系图、网络图、知识图谱等。大数据时代的数据不再局限于结构化数据,还包括:

(1) 准结构化数据,比如网站的访问日志文件、智能传感器的状态日志数据。对这类数据进行分析计算时,需要先进行格式转换。

(2) 半结构化数据,比如各种形式的 XML 文件。对这类文件进行分析计算时,可以根据 XML 标签抽取结构化数据。

(3) 非结构化数据,比如文本文件和音视频文件。对这类文件进行分析计算时,需要专门的技术和方法,比如自然语言处理、图像处理等技术。

这些数据一般需要经过处理转换成结构化数据,才可以建立数学模型进行计算。这些数据的数据量远多于结构化数据,这些数据常常统称为非结构化数据。大数据的组成呈倒三角,如图 3-4 所示。

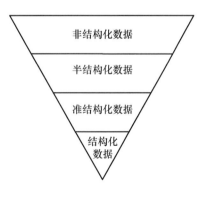

图 3-4　大数据的组成

在这种情况下,数据的存储又回归到文件存储形式,比如 CSV、JSON、XML 等文件,或者 NoSQL 数据库。

NoSQL 数据库以 JSON、XML 格式存储数据,其字段长度可变,并且每个字段的记录又可以由可重复或不可重复的子字段构成,用它不仅可以处理结构化数据,而且更适合处理非结构化数据。与以往流行的关系数据库相比,其最大区别在于它突破了关系数据库结构定义不易改变和数据定长的限制,支持重复字段、子字段以及变长字段,并实现对变长数据和重复字段进行处理和数据项的变长存储管理。典型的产品如 MongoDB。

由于数据体量巨大,同时增长速度极快,数据存储的物理位置也发生变换,而不再局限于服务器、数据库或分布式数据库,于是出现了云存储,如 Google 的云架构,采用分布式存储和并行计算的方法,构建了 GFS 文件系统、MapReduce 计算模型和 BigTable 非关系型数据库组成的基础平台。

面对大数据,其数据处理、数据分析、数据管理、应用建模等工作任务,跟以往的应用相比,需求更复杂,工作量更大,分工也更细更明确。企事业单位的工作岗位为此而进行细分就是这个时代的典型特点。

2. 大数据的特点

大数据的特点可以总结为最初 IBM 提出的"三 V":

- 大量化(Volume)是指数据量大。
- 多样化(Variety)是指数据类型和结构复杂。
- 快速化(Velocity)是指数据的增长速度快。

后来又有人提出"四 V",在"三 V"的基础上增加:价值(Value)。"数据"的价值非常重要,因为人类需要的是"知识",如果不能从数据中获取知识,那么数据本身就没有存在的意义。近年来的研究热点,比如统计学(Statistics)、数据科学(Data Science)、模式识别(Pattern Recognition)、数据挖掘(Data Mining)、机器学习(Machine Learning)等都是在探索各种方法,把数据转换为有用的知识。

另外,还有人进一步在"四 V"的基础上补充"多 V",比如:可验证性(Verification)、可变性(Variability)、真实性(Veracity)、邻近性(Vicinity),等等。

总结成一句话,大数据的侧重点在"数据","大"只是这些数据的特点,但是针对"大"这个特点,可能需要一些新的数据分析处理方法和应用建模方法。

3. 大数据应用的特点

大数据究其本质而言并不比小数据更难分析,所以原有的数据分析、挖掘方法可以迁徙过来使用。但是,大数据应用也存在新的挑战:

(1) 大数据时代是信息过载,需要从大数据中获得适当的、可用的、有效的数据。

(2) 对于大数据,在处理规模和处理速度之间找折中并不是明智之举,在软硬件条件允许的情况下,采用新的计算技术,进行分布式和/或并行处理机制,才能够把应用做得又快又好。

在大数据应用的开发过程中,会涉及以下步骤:

(1) 数据准备和数据处理。针对应用需求准备数据,并进行一些预处理,如多源数据合并,错误数据修正,缺失数据填充,结构化数据提取,数据格式转换,等等。

(2) 探索性数据分析。充分理解数据,通过统计分析、数据挖掘等方法了解数据的质量、数据的分布、数据的特点,并最终进行特征抽取。

(3) 应用建模分析。应用建模的关键是理解应用的需求和定位问题的核心,在此基础上,可以选用经典的机器学习模型和算法进行数据建模分析。

(4) 数据计算和评估。使用实际数据对相应的模型进行测试,按照应用的指标对模型进行评估。一般来讲,任何模型都是"好模型",但是,对特定应用要评估一个模型是否合适,合适的模型后续才会部署在实际生产环境中,产生经济效益。评估失败的模型,要么是数据分析处理有偏差,要么是应用建模理解不到位,这时需要查找原因并反复调整。

以上步骤的工作流程如图 3-5 所示。一般情况下,这些步骤需要反复交叉进行,应用之初要尽量保存原始数据(形式、格式),后续处理、分析再处理也要尽量保存不同版本的中间数据,以便计算评估之后发现分析、建模需要重新整理数据。

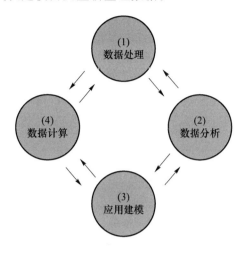

图 3-5 大数据应用的生产周期

对于一个大数据应用,前期可以考虑几种模型进行对比分析,后期选择最佳模型应用于实际生产环境。

使用模型对数据进行计算,并对计算结果评估是大数据应用必不可少的一环。这一环节可以采用分布式平台进行并行计算,相关算法需要支持并行化。

3.2.2 大数据并行处理平台

1. 离线处理平台 Hadoop

Hadoop 是一个开源的框架,如图 3-6 所示,可编写和运行分布式应用,处理大规模数据,是专为离线和大规模数据分析而设计的,并不适合那种对几个记录随机读写的在线事务处理模式。

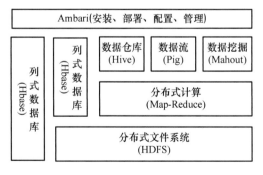

图 3-6 Hadoop 组件

Hadoop 框架的最核心的设计就是:HDFS(Hadoop Distributed File System)和 Map-Reduce。HDFS 为海量的数据提供了存储,Map-Reduce 则为海量的数据提供了计算。

HDFS 有高容错性的特点,其设计用来部署在低廉的硬件上,而且它提供高吞吐量来访问应用程序的数据,适合那些有着超大数据集的应用程序。Hadoop 的数据来源可以是任何形式,在处理半结构化和非结构化数据上与关系型数据库相比有更好的性能,具有更灵活的处理能力,不管任何数据形式最终会转化为键/值(Key/Value)形式的基本数据单元。

Map-Reduce 是一种编程模型,用于大规模数据集的并行运算。它由 Map(映射)和 Reduce(简化)两步完成。其工作原理,如图 3-7 所示。

Map 这一步所做的就是把在一个问题域中的所有数据在一个或多个节点中转化成 Key-Value 对,然后对这些 Key-Value 对采用 Map 操作,生成零个或多个新的 Key-Value 对,按 Key 值排序,然后合并生成一个新的 Key-Value 表。

Reduce 则把 Map 步骤中生成的新的 Key-Value 列表,按照 Key 放在一个或多个子节点中,用编写的 Reduce 操作处理,归并后合成一个列表,得到最终输出结果。

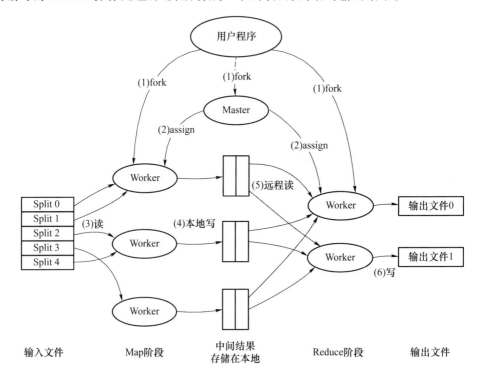

图 3-7　Map-Reduce 的工作原理

除上述主体部分外,在 Hadoop 周围还有各种配套项目,如 Zookeeper、HBase、Hive、Pig 等,这些项目连同 Hadoop 本身一起构成一个丰富的生态系统。

ZooKeeper 是一个分布式服务框架,主要是用来解决分布式应用中经常遇到的一些数据管理问题,如:统一命名服务、状态同步服务、集群管理、分布式应用配置项的管理等。

HBase 是一个可扩展的、面向列的分布式数据库,支持大表的结构化存储。

Hive 是基于 Hadoop 的一个数据仓库工具,用来进行数据提取、转化、加载,这是一种可以存储、查询和分析存储在 Hadoop 中的大规模数据的机制。

Mahout 提供一些可扩展的机器学习、数据挖掘领域经典算法的实现,旨在帮助开发人员更加方便快捷地创建智能应用程序。

Apache Pig 是 Map-Reduce 的一个抽象,它是一个工具,用于分析较大的数据集,将它们表示为数据流,使之适用于并行计算。

Ambari 是一个基于 Web 的可视化工具,它用来安装、部署、配置、管理 Hadoop 组件和

Hadoop 集群。

2. 内存计算平台 Spark

Spark 是 UC Berkeley AMP lab 所开源的类似 Hadoop Map-Reduce 的通用的并行计算框架,Spark 基于 Map-Reduce 算法实现分布式计算,拥有 Hadoop Map-Reduce 所具有的优点。但不同于 Map-Reduce 的是,任务中间输出和结果可以保存在内存中,从而不再需要读写 HDFS,因此 Spark 能更好地适用于数据挖掘与机器学习等需要迭代的 Map-Reduce 的算法。其架构如图 3-8 所示。

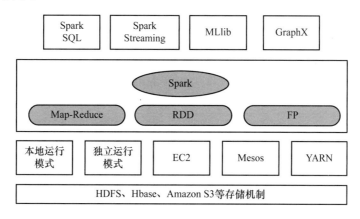

图 3-8　Spark 组件

在图 3-8 中,下面两层是 Spark 运行依赖的基础环境。可以看出 Spark 并不关心存储机制,它可以支持在 EC2、YARN 等云平台上进行并行计算。

RDD 是 Spark 中的抽象数据结构类型,任何数据在 Spark 中都被表示为 RDD。

在编写程序时,把需要处理的数据转换为 RDD,然后对 RDD 进行一系列的变换和操作,从而得到结果。常用函数如表 3-2 所示。

【例 3-1】 创建 RDD。

```
data_heterogenous = sc.parallelize([
    ('John','fast'),
    {'Amy':10000},
    ['Spain','visited',4505]
]).collect()
```

【例 3-2】 从外部存储中读取数据创建 RDD。

```
lines = sc.textFile("data.txt")
```

表 3-2　常用 RDD 操作

操作类型	函数名	作用
转化操作	map()	参数是函数,函数应用于 RDD 每一个元素,返回值是新的 RDD
	flatMap()	参数是函数,函数应用于 RDD 每一个元素,将元素数据进行拆分,变成迭代器,返回值是新的 RDD
	filter()	参数是函数,函数会过滤掉不符合条件的元素,返回值是新的 RDD

续　表

操作类型	函数名	作用
	distinct()	没有参数,将 RDD 里的元素进行去重操作
	union()	参数是 RDD,生成包含两个 RDD 所有元素的新 RDD
	intersection()	参数是 RDD,求出两个 RDD 的共同元素
	subtract()	参数是 RDD,将原 RDD 里和参数 RDD 里相同的元素去掉
	cartesian()	参数是 RDD,求两个 RDD 的笛卡儿积
行动操作	collect()	返回 RDD 所有元素
	count()	RDD 里元素个数
	countByValue()	各元素在 RDD 中出现次数
	reduce()	并行整合所有 RDD 数据,例如求和操作
	fold(0)(func)	和 reduce 功能一样,不过 fold 带有初始值
	aggregate(0)(seqOp,combop)	和 reduce 功能一样,但是返回的 RDD 数据类型和原 RDD 不一样
	foreach(func)	对 RDD 每个元素都是使用特定函数

　　Spark SQL 是 Spark 用来处理结构化数据的一个模块,它提供了两个编程抽象分别叫作 DataFrame 和 DataSet,它们用于作为分布式 SQL 的查询引擎。从图 3-9 可以查看 RDD、DataFrame 与 DataSet 的关系。

图 3-9　Spark SQL 中的数据结构

　　与 RDD 类似,DataFrame 也是一个分布式数据容器。然而 DataFrame 更像传统数据库的二维表格,除了数据以外,还记录数据的结构信息,即 schema。同时,与 Hive 类似,DataFrame 也支持嵌套数据类型(struct、array 和 map)。从 API 易用性的角度看,DataFrame API 提供的是一套高层的关系操作,比函数式的 RDD API 要更加友好易用。

　　DataSet 是从 Spark 1.6 开始引入的一个新的抽象。DataSet 是特定域对象中的强类型集合,它可以使用函数或者采用相关操作并行地进行转换等操作。每个 DataSet 都有一个称为 DataFrame 的非类型化的视图,这个视图是行的数据集。为了有效地支持特定域对象,DataSet 引入了 Encoder(编码器)。例如,给出一个 Person 的类,有两个字段:name(string)和 age(int),通过一个 encoder 来告诉 Spark 在运行的时候产生代码把 Person 对象转换成一个二进制结构。这种二进制结构通常有更低的内存占用,以及优化的数据处理效率。若要了解数据的内部二进制表示,请使用 schema(表结构)函数。

　　在 DataSet 上的操作,分为 transformations 和 actions。transformations 会产生新的 DataSet,而 actions 则是触发计算并产生结果。transformations 包括:map、filter、select 和 aggregate 等操作。而 actions 包括:count、show 或把数据写入到文件系统中。

　　RDD 也是可以并行化的操作,DataSet 和 RDD 的主要区别是:DataSet 是特定域的对象集合,而 RDD 是任何对象的集合;DataSet 的 API 总是强类型的,而且可以利用这些模式进行优化,而 RDD 却不行。

DataFrame 是特殊的 DataSet,它在编译时不会对模式进行检测。

【例 3-3】 统计文件中各个单词的个数。

```
import org.apache.spark.sql.functions._
♯ 创建 DataSet
val ds = sqlContext.read.text("hdfs://node-1.itcast.cn:9000/wc").as[String]
val result = ds.flatMap(_.split(" "))
                     .filter(_ != "")
                     .toDF()
                     .groupBy($"value")
                     .agg(count("*") as "numOccurances")
                     .orderBy($"numOccurances" desc)
                     .show()

val wordCount = ds.flatMap(_.split(" ")).filter(_ != "").groupBy(_.toLowerCase()).count().
show()
```

MLlib 是 Spark 的机器学习库,集成了机器学习、数据挖掘的常用算法,其目标是使实际的机器学习具有可扩展性和易用性。在较高的层面上,它提供了以下工具:

(1) 机器学习算法。它是通用学习算法,如分类、回归、聚类和协同过滤等。

(2) 特征提取。特征提取、转换、降维和选择。

(3) 管道。用于构建、评估和调整 ML 管道的工具。

(4) 持久性。保存和加载算法、模型和管道。

(5) 实用程序。用于线性代数、统计、数据处理等。

需要注意的是,目前基于 DataFrame 的 API 是主要的 API,而基于 MLlib RDD 的 API 现在处于维护模式,MLlib 不会再将新功能添加到基于 RDD 的 API。本章 3.5 小节的代码使用了 Spark MLlib 库。

Spark Streaming 支持对流数据的实时处理,例如,产品环境 Web 服务器的日志文件,Spark Streaming 会接收日志数据,然后将其分为不同的批次,接下来 Spark 引擎来处理这些批次,并根据批次中的结果,生成最终的流。

GraphX 是一个图计算库,用来处理图,执行基于图的并行操作。

3.3 推荐算法基础

Netflex 大赛获奖团队采用的主要算法是稀疏矩阵分解,它的主要思想是,通过把评分矩阵 R 进行分解,把用户特征映射到一个隐空间(用户向量 u 表示用户的潜在特征,是一个不可解释的隐向量),把电影也映射到隐空间(电影向量 v 表示电影的潜在特征)。如果用户向量和电影向量距离近,表示相似度高,$u^{\mathrm{T}}v$ 的值比较大,预测评分较高的元素 $R_{uv} = u^{\mathrm{T}}v$ 表示可以把电影 v 推荐给用户 u。之后出现了关于这方面的大量研究,包括,非负矩阵分解、概率矩阵分解、张量(3 阶以上矩阵)分解等,及其在各种场景下的应用。

SVD 分解是一种矩阵分解算法，但是在这里并不适用，因为原始矩阵带缺失值。所以一般方法是采用交替最小平方误差法（ALS）去拟合稀疏矩阵中的已知评分项。

本节的程序在 ml-100k 数据集中进行实验。一般是先在小规模数据集上验证算法的正确性之后，再使用大数据集进行推荐、部署应用。

1. 数据集读取和划分

【例 3-4】　数据预处理。

```
import random
import numpy as np
from scipy import sparse
```

电影推荐—代码

```
#(1)从文件中读取评分数据
data = np.loadtxt('u.data')
ij = data[:,:2]
ij -= 1
values = data[:,2]
ij = ij.astype(int)  #float64->int
reviews = sparse.csc_matrix((values,ij.T)).astype(float)
reviews = reviews.toarray()
U,V = np.where(reviews)


#(2)划分训练集与测试集为 9:1
test_idxs = np.array(random.sample(range(len(U)),len(U)//10))


train = reviews.copy()
train[U[test_idxs],V[test_idxs]] = 0


test = np.zeros_like(reviews)
test[U[test_idxs],V[test_idxs]] = reviews[U[test_idxs],V[test_idxs]]


#(3)绘图查看训练集和测试集的稀疏性
from matplotlib import pyplot as plt
fig = plt.figure()
ax = fig.add_subplot(121)
ax.set_title('train')
ax1 = fig.add_subplot(122)
ax1.set_title('test')
binary1 = (train>0)
ax.imshow(binary1[:200,:200],interpolation='nearest')
binary2 = (test>0)
ax1.imshow(binary2[:200,:200],interpolation='nearest')
plt.show()
```

程序的运行效果，如图 3-10 所示。在代码的第（3）段，分别把训练集和测试集的前 $200 \times$

200 维评分数据进行绘图显示,可以看出矩阵的稀疏性。这段代码一般是在数据分析时使用,并不是算法必须的。

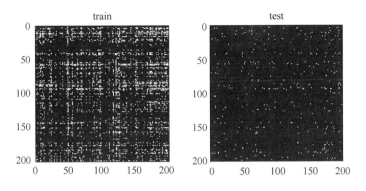

图 3-10　训练集和测试集的稀疏性(前 200×200 维)

2. 矩阵分解模型

假设有 N 个用户和 M 个电影,设评分矩阵为 $\boldsymbol{R}$,矩阵分解的目标是找到两个低维矩阵($\boldsymbol{U}$ 和 $\boldsymbol{V}$)来逼近评分矩阵 $\boldsymbol{R}$,如图 3-11 所示。对矩阵做低秩分解,相当于抽取用户和电影的潜在特征。但是稀疏矩阵 $\boldsymbol{R}$ 因为带有缺失值,它的秩无法求取,所以一般假设它远小于用户数 N 和物品数 M,即潜在特征向量的维数 $D \ll \min(N,M)$,一般根据应用场景来选取一个值,比如 10、30、50、100、200 等。

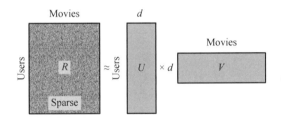

图 3-11　稀疏矩阵的近似分解

在图 3-11 中,$\boldsymbol{R}_{N \times M}$ 是带有缺失值的稀疏矩阵,其中元素 r_{ij} 是用户 i 对电影 j 的评分。

用户 i 的潜在特征向量 $\boldsymbol{u}_i$,一般是列向量。所有用户的隐向量构成矩阵 $\boldsymbol{U}_{D \times N}$。同理,电影 j 的隐特征向量 $\boldsymbol{v}_j$,构成矩阵 $\boldsymbol{V}_{D \times M}$。它们的关系记作公式(3-1)。

$$\boldsymbol{R}_{N \times M} \approx \hat{\boldsymbol{R}}_{N \times M} = \boldsymbol{U}_{D \times N}^{\mathrm{T}} \cdot \boldsymbol{V}_{D \times M} \tag{3-1}$$

其中,$\hat{\boldsymbol{R}}_{N \times M}$ 是估计值矩阵,由矩阵 $\boldsymbol{U}$ 和 $\boldsymbol{V}$ 相乘得到。

为了能让 $\boldsymbol{U}$ 和 $\boldsymbol{V}$ 的乘积尽量的接近 $\boldsymbol{R}$,我们要最小化损失函数:

$$J = \sum_{(i,j) \in \Omega} (r_{ij} - \hat{r}_{ij})^2 = \sum_{(i,j) \in \Omega} (r_{ij} - \boldsymbol{u}_i^{\mathrm{T}} \boldsymbol{v}_j)^2 \tag{3-2}$$

Ω 是指观测空间,即所有的评分项。

一般还要给损失函数加入正则项以避免过拟合问题,通常使用 L2 正则,因此公式(3-2)所示的损失函数修改为公式(3-3)。

$$J = \sum_{(i,j) \in \Omega} (r_{ij} - \hat{r}_{ij})^2 = \sum_{(i,j) \in \Omega} (r_{ij} - \boldsymbol{u}_i^{\mathrm{T}} \boldsymbol{v}_j)^2 + \lambda \left(\sum_i \|\boldsymbol{u}_i\|^2 + \sum_j \|\boldsymbol{v}_j\|^2 \right) \tag{3-3}$$

λ 为正则化系数。

交替最小平方法(ALS)以最小化上述的损失函数为目标,以交替降低误差。何为交替降低误差呢？在上述损失函数中有两个自变量,可以假设其中一个已知,比如假设v_j已知,那么公式(3-3)就变为：求取使J最小化的u_i,可以求取J对u_i的导数,并令其等于0,求得u_i,如公式(3-4)所示。然后,我们假设u_i已知,再更新v_j。这是一个迭代求解的过程,在每轮轮迭代中,只更新其中一个参数,下回迭代更新另外一个参数,交替进行。经过几轮迭代,逐步降低平方误差,获得想要的参数u_i,v_j。

$$\frac{\partial J}{\partial u_i} = 0$$

$$=> \frac{\partial \sum_{(i,j)\in\Omega}(r_{ij}-u_i^T v_j)^2 + \lambda(\sum_i ||u_i||^2 + \sum_j ||v_j||^2)}{\partial u_i} = 0$$

$$=> -2\sum_j(r_{ij}-u_i^T v_j)v_j^T + \lambda(2u_i^T) = 0$$

$$=> -\sum_j r_{ij}v_j^T + \sum_j u_i^T v_j v_j^T + \lambda u_i^T = 0 \qquad (3\text{-}4)$$

$$=> \sum_j u_i^T v_j v_j^T + \lambda u_i^T = \sum_j r_{ij}v_j^T$$

$$=> (\sum_j v_j v_j^T + \lambda I)u_i^T = \sum_j r_{ij}v_j^T$$

$$=> u_i = (\sum_j v_j v_j^T + \lambda I)^{-1}\sum_j r_{ij}v_j$$

仿照公式(3-4)推导u_i的过程,可以推导出v_j的计算公式。算法伪码,如表3-3所示。

表 3-3   ALS 算法伪码

第1步:随机初始化U,V
第2步:固定V,对Loss做U偏微分,使其偏微分等于0: $$\frac{\partial J}{\partial u_i}=0 \quad => u_i=(\sum_j v_j v_j^T + \lambda I)^{-1}\sum_j r_{ij}v_j$$
第3步:固定U,对Loss做V偏微分,使其偏微分等于0: $$\frac{\partial J}{\partial v_j}=0 \quad => v_j=(\sum_i u_i u_i^T + \lambda I)^{-1}\sum_i r_{ij}u_i$$
第4步:循环执行步骤2,3,直到损失函数J的值收敛(或者设置一个迭代次数T,迭代执行步骤2,3,T次后停止)。这样,就得到了最小化J所对应的矩阵U,V。

【例 3-5】 基于 ALS 进行矩阵分解。

```
import random
import numpy as np
from scipy import sparse

#预处理
data = np.loadtxt('u.data') #从文件中读取评分数据
ij = data[:,:2]
ij-= 1
values = data[:,2]
ij= ij.astype(int) #float64->int
```

```
reviews = sparse.csc_matrix((values,ij.T)).astype(float)
reviews = reviews.toarray()
U,V = np.where(reviews)

#划分训练集与测试集9:1
test_idxs = np.array(random.sample(range(len(U)),len(U)//10))

train = reviews.copy()
train[U[test_idxs],V[test_idxs]] = 0
r = train.copy()

test = np.zeros_like(reviews)
test[U[test_idxs],V[test_idxs]] = reviews[U[test_idxs],V[test_idxs]]
N = reviews.shape[0]
M = reviews.shape[1]
print('R评分矩阵维度:',N,M)


#ALS
D = 10 #潜在特征维度数量
T = 20 #迭代次数
U = np.random.randn(D,N)/D
V = np.random.randn(D,M)/D
##迭代T次 更新UV
reg = 0.1 #正则化系数


for t in range(T):
    print(t + 1,'times')
#update U
    for i in range(N):#遍历每个用户的潜在特征Ui
        matrix = np.zeros((D,D)) + reg * np.eye(D)
        vector = np.zeros(D)
        for j in range(M):
            if r[i,j]>0:
                matrix += np.outer(V[:,j],V[:,j])
                vector += r[i,j] * V[:,j]
        U[:,i] = np.matmul(np.mat(matrix).I,vector)
#update V
    for j in range(M):
        matrix = np.zeros((D,D)) + reg * np.eye(D)
        vector = np.zeros(D)
        for i in range(N):
            if r[i,j]>0:
                matrix += np.outer(U[:,i],U[:,i])
```

```
                            vector += r[i,j] * U[:,i]
                    V[:,j] = np.matmul(np.mat(matrix).I,vector)
    # calculate the RMSE
        R = np.matmul(U.T,V) # [N,M]预测的评分矩阵 R^
        n_element = 0
        n_test = 0
        mse = 0.0
        mse_test = 0.0
        for i in range(N):
            for j in range(M):
                if r[i,j]>0:
                    n_element += 1
                    square_error = (R[i,j] - r[i,j]) ** 2
                    mse += square_error
                if test[i,j]>0:
                    n_test += 1
                    squar_error_test = (test[i,j] - R[i,j]) ** 2
                    mse_test += squar_error_test
        mse = (mse/n_element) ** 0.5
        mse_test = (mse_test/n_test) ** 0.5
        print("MSE on training set:",mse) # 参数优化依赖于训练集数据
        print("MSE on test set:",mse_test) # 测试集仅供观察每次训练效果
```

3. 推荐方法

接下来计算 $\hat{R}_{ij} = v_i^\mathrm{T} v_j$，预测用户 i 对物品 j 的评分，该值越大表示越应该推荐。可以计算用户 i 对所有电影的评分，给预测评分进行排序，推荐排名前 n 的电影。但是，在本项目中，我们无法评价推荐的结果到底是好是坏，数据集中没有这方面的信息。

【例 3-6】　在矩阵分解的基础上进行推荐。

```
# 在例 3-5 的 python 代码基础上,增加推荐的功能
# 为用户 user_id = 789 推荐 10 部电影
    a = [i for i in range(1,M+1)]
    b = R[788]
    c = np.row_stack((a,b))
    d = c.T[np.lexsort(c)].T

    print(d[0,M-1],d[0,M-2],d[0,M-3],d[0,M-4],d[0,M-5],d[0,M-6],d[0,M-7],d[0,M-8],
d[0,M-9],d[0,M-10])

def movie_dict(file):
    dict = {}
    with open(file,'r', encoding='ISO-8859-1') as f:
```

```
        for line in f:
            arr = line.split('|')
            movie_id = int(arr[0])
            movie_name = str(arr[1])
            dict[movie_id] = movie_name
    return dict


#最终推荐结果,显示电影名
movies = movie_dict('u.item')
for i in range(1,11):
    print(i,movies[d[0,M-i]])
```

程序执行结果,如图 3-12 所示。

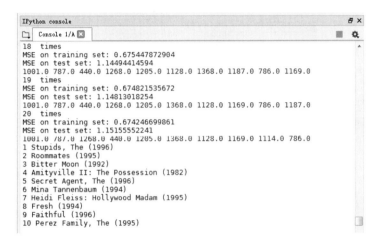

图 3-12　基于 ALS 矩阵分解的推荐结果

3.4　项目的 Python 语言实现

在做数据分析时发现,用户对电影的评分会反映出不同用户的性格,比如,有些用户对看过的电影评分都比较高,而有的用户就比较挑剔,对看过的电影评分都偏低。针对这种情况,可以在数据预处理阶段,求取每个用户对电影评分的平均值,将该用户对各个电影的评分减去这个平均值,对用户数据做中心化处理。类似地,也可以对电影数据做数值中心化处理。

下面通过改进算法,把这种用户和电影的平均偏差考虑在算法中,就不必在数据预处理阶段单独处理了。我们给用户和电影的特征增加一个偏置项,即每个用户除了基于矩阵分解的潜在特征向量,还有一个偏置值,共同来表示用户的隐特征。于是,所有用户的偏置构成了一个向量,向量的各个值也是需要通过矩阵分解算法求解获得的。

假设评分的预测值不是由 $\boldsymbol{u}_i^{\mathrm{T}} \boldsymbol{v}_j$ 得到的,而是 $\hat{r}_{ij} = \boldsymbol{u}_i^{\mathrm{T}} \boldsymbol{v}_j + b_i + c_j + \mu$,其中 b_i 是用户 i 的偏置项,c_j 是电影 j 的偏置项,μ 表示数据总体的偏差。于是,损失函数修改为公式(3-5)。

$$J = \sum_{(i,j)\in\Omega}(r_{ij}-\hat{r}_{ij})^2 = \sum_{(i,j)\in\Omega}(r_{ij}-\boldsymbol{u}_i^{\mathrm{T}}\boldsymbol{v}_j-b_i-c_j-\mu)^2$$
$$+\lambda\left(\sum_i\|\boldsymbol{u}_i\|^2+\sum_j\|\boldsymbol{v}_j\|^2+\sum_i b_i^2+\sum_j c_j^2\right)$$

$$(3-5)$$

对损失函数 J 求各个参数的偏导，并令其等于 0，可以解得：

$$\frac{\partial J}{\partial \boldsymbol{u}_i}=0 \quad => \boldsymbol{u}_i=\left(\sum_{j\in\Omega_i}\boldsymbol{v}_j\boldsymbol{v}_j^{\mathrm{T}}+\lambda\boldsymbol{I}\right)^{-1}\sum_{j\in\Omega_i}(r_{ij}-b_i-c_j-\mu)\boldsymbol{v}_j^{\mathrm{T}} \qquad (3-6)$$

$$\frac{\partial J}{\partial \boldsymbol{v}_j}=0 \quad => \boldsymbol{v}_j=\left(\sum_{i\in\Omega_j}\boldsymbol{u}_i\boldsymbol{u}_i^{\mathrm{T}}+\lambda\boldsymbol{I}\right)^{-1}\sum_{i\in\Omega_j}(r_{ij}-b_i-c_j-\mu)\boldsymbol{u}_i^{\mathrm{T}} \qquad (3-7)$$

$$\frac{\partial J}{\partial b_i}=0 \quad => b_i=\frac{1}{1+\lambda}\frac{1}{|\Omega_i|}\sum_{j\in\Omega_i}(r_{ij}-\boldsymbol{u}_i^{\mathrm{T}}\boldsymbol{v}_j-c_j-\mu) \qquad (3-8)$$

$$\frac{\partial J}{\partial c_j}=0 \quad => c_j=\frac{1}{1+\lambda}\frac{1}{|\Omega_j|}\sum_{i\in\Omega_j}(r_{ij}-\boldsymbol{u}_i^{\mathrm{T}}\boldsymbol{v}_j-b_i-\mu) \qquad (3-9)$$

【例 3-7】　带有用户和电影偏置的矩阵分解。

根据公式(3-6)-(3-9)进行迭代计算，Python 语言实现代码如下：

```python
import random
import numpy as np
from scipy import sparse

# 预处理
data = np.loadtxt('u.data') # 从文件中读取评分数据
ij = data[:,:2]
ij -= 1
values = data[:,2]
ij = ij.astype(int) # float64 -> int
reviews = sparse.csc_matrix((values,ij.T)).astype(float)
reviews = reviews.toarray()
U,V = np.where(reviews)

# 划分训练集与测试集 9:1
test_idxs = np.array(random.sample(range(len(U)),len(U)//10))

train = reviews.copy()
train[U[test_idxs],V[test_idxs]] = 0
r = train.copy()

test = np.zeros_like(reviews)
test[U[test_idxs],V[test_idxs]] = reviews[U[test_idxs],V[test_idxs]]
N = reviews.shape[0]
M = reviews.shape[1]
print('R 评分矩阵维度：',N,M)
```

```python
#from matplotlib import pyplot as plt
#fig = plt.figure()
#ax = fig.add_subplot(121)
#ax.set_title('train')
#ax1 = fig.add_subplot(122)
#ax1.set_title('test')
#binary1 = (train>0)
#ax.imshow(binary1[:200,:200],interpolation='nearest')
#binary2 = (test>0)
#ax1.imshow(binary2[:200,:200],interpolation='nearest')
#plt.show()


#ALS
D = 10 #潜在特征维度数量
T = 20   #迭代次数
U = np.random.randn(D,N)/D
V = np.random.randn(D,M)/D
B = np.zeros(N)
C = np.zeros(M)
#迭代 T 次 更新 UVBC
reg = 0.1 #正则化系数
mu = 0


for t in range(T):
    print(t+1,'times')
#update B
    for i in range(N):
        accum = 0
        n = 0
        for j in range(M):
            if r[i,j]>0:
                n = n+1
                accum += (r[i,j]-U[:,i].T.dot(V[:,j])-C[j]-mu)
        if n>0:
            B[i] = accum/(1+reg)/n
#update U
    for i in range(N):#遍历每个用户的潜在特征 Ui
        matrix = np.zeros((D,D)) + reg * np.eye(D)
        vector = np.zeros(D)
        for j in range(M):
            if r[i,j]>0:
                matrix += np.outer(V[:,j],V[:,j])
                vector += (r[i,j]-B[i]-C[j]-mu) * V[:,j]
```

```python
        U[:,i] = np.matmul(np.mat(matrix).I,vector)
#update C
    for j in range(M):
        accum = 0
        n = 0
        for i in range(N):
            if r[i,j]>0:
                n = n + 1
                accum += (r[i,j] - U[:,i].T.dot(V[:,j]) - B[i] - mu)
        if n>0:
            C[j] = accum/(1 + reg)/n
#update V
    for j in range(M):
        matrix = np.zeros((D,D)) + reg * np.eye(D)
        vector = np.zeros(D)
        #if j in ratings_by_j:
        for i in range(N):
            matrix += np.outer(U[:,i],U[:,i])
            vector += (r[i,j] - B[i] - C[j] - mu) * U[:,i]
        V[:,j] = np.matmul(np.mat(matrix).I,vector)


    #calculate the RMSE
    R = np.matmul(U.T,V) + mu #[N,M]预测的评分矩阵
    n_element = 0
    n_test = 0
    mse = 0.0
    mse_test = 0.0


    for i in range(N):
        for j in range(M):
            R[i,j] += (B[i] + C[j])
            if r[i,j]>0:
                n_element += 1
                square_error = (R[i,j] - r[i,j]) ** 2
                mse += square_error
            if test[i,j]>0:
                n_test += 1
                squar_error_test = (test[i,j] - R[i,j]) ** 2
                mse_test += squar_error_test
    mse = (mse/n_element) ** 0.5
    mse_test = (mse_test/n_test) ** 0.5
    print("MSE on trainin set:",mse)
    print("MSE on test set:",mse_test)
```

```
#为用户 user_id = 789 推荐 10 部电影
    a = [i for i in range(1,M + 1)]
    b = R[788]
    c = np.row_stack((a,b))
    d = c.T[np.lexsort(c)].T
print(d[0,M - 1],d[0,M - 2],d[0,M - 3],d[0,M - 4],d[0,M - 5],d[0,M - 6],d[0,M - 7],d[0,M - 8],d[0,
M - 9],d[0,M - 10])


def movie_dict(file):
    dict = {}
    with open(file,'r', encoding = 'ISO - 8859 - 1') as f:
        for line in f:
            arr = line.split('|')
            movie_id = int(arr[0])
            movie_name = str(arr[1])
            dict[movie_id] = movie_name
    return dict


#最终推荐结果,显示电影名
movies = movie_dict('u.item')
for i in range(1,11):
    print(i,movies[d[0,M - i]])
```

3.5　项目的 Spark 平台实现

在矩阵分解推荐算法中,每项评分预测都需要整合现有评分集的信息。随着用户数与项目数的增长,算法的计算量也会随着增长,单机模式的推荐算法逐渐难以满足算法的计算以及推荐的实时性需求。

本节采用 Spark 并行计算框架,探索基于模型的推荐算法在 Spark 上的实现,来解决大数据情况下矩阵分解推荐算法时间代价过高的问题。

Spark 源码中实现 ALS 有 3 个版本,一个是 LocalALS.scala(没有用 Spark),一个是 SparkALS.scala(用了 Spark 做并行优化),一个是 MLlib 中的 ALS。MLlib 中的 ALS 适合用于在线推荐,本节基于 MLlib 库编程实现。

【例 3-8】　基于 MLlib 的矩阵分解。

```
# -*- coding: utf-8 -*-
from pyspark import SparkConf, SparkContext
from pyspark.mllib.recommendation import ALS, Rating
from pyspark.ml.evaluation import RegressionEvaluator
from math import sqrt
```

```python
# 获取所有 movie 名称和 id 对应集合
def movie_dict(file):
    dict = {}
    with open(file, encoding = "ISO-8859-1") as f:
        for line in f:
            arr = line.split('|')
            movie_id = int(arr[0])
            movie_name = str(arr[1])
            dict[movie_id] = movie_name
    return dict

# 转换用户评分数据格式
def get_rating(str):
    arr = str.split('\t')
    user_id = int(arr[0])
    movie_id = int(arr[1])
    user_rating = float(arr[2])
    return Rating(user_id, movie_id, user_rating)

sc = SparkContext('local', 'MovieRec')

# 加载数据
movies = movie_dict('u.item')
sc.broadcast(movies)
data = sc.textFile('u.data')

# 转换 (user, product, rating) tuple
ratings = data.map(get_rating)

# 推荐,建立模型
rank = 10
iterations = 5
model = ALS.train(ratings, rank, iterations)
pred_input = ratings.map(lambda x: (x[0], x[1]))
pred = model.predictAll(pred_input)
true_reorg = ratings.map(lambda x: ((int(x[0]), int(x[1])), float(x[2])))
pred_reorg = pred.map(lambda x: ((x[0], x[1]), x[2]))
true_pred = true_reorg.join(pred_reorg)
MSE = true_pred.map(lambda r: (r[1][0] - r[1][1]) ** 2).mean()
print(MSE)
train_loss = sqrt(MSE)
print('训练集损失 ', train_loss)
```

```
#对指定用户 ID 推荐
userid = 789
user_ratings = ratings.filter(lambda x: x[0] == userid)

#按得分高低推荐前 10 电影
rec_movies = model.recommendProducts(userid, 10)
print ('\n####################################\n' )
print ('recommend movies for userid %d:' % userid)
for item in rec_movies:
    print ('name:'+ movies[item[1]]+'==> score: %.2f' % item[2])
print ('\n####################################\n'    )

sc.stop()
```

程序执行结果,如图 3-13 所示。

```
recommend movies for userid 789:
name:Shiloh (1997)==> score: 7.84
name:Widows' Peak (1994)==> score: 7.39
name:Kicking and Screaming (1995)==> score: 6.95
name:Roommates (1995)==> score: 6.76
name:Bitter Moon (1992)==> score: 6.70
name:City of Industry (1997)==> score: 6.57
name:Shooting Fish (1997)==> score: 6.43
name:Horseman on the Roof, The (Hussard sur le toit, Le) (1995)==> score: 6.28
name:Restoration (1995)==> score: 6.18
name:Englishman Who Went Up a Hill, But Came Down a Mountain, The (1995)==> score: 6.13
```

图 3-13　基于 MLib 矩阵分解的推荐结果

思考题:

1. 为应用开发单机版图形用户界面,或者采用 Browser/Server 架构实现用户接口。

2. 可以利用更多的信息进行建模,采用相关的图学习模型,例如 SAGE,参考相关文献改进推荐模型。

电影推荐——
讲解视频

第4章

旋律的自动伴奏生成

音乐是一种艺术,也是一种通用语言,可将音乐定义为不同频率音调的集合。旋律是音乐的首要要素。旋律的自动伴奏生成就是一个在最少人为干预下创作一首旋律的过程。

旋律的自动伴奏生成算法包括基于规则的旋律生成算法、基于统计的旋律生成算法和基于深度学习的旋律生成算法等。其中基于深度学习的旋律生成算法可以从旋律数据集中自动地学习如何生成旋律。概率和统

自动伴奏—课件

计作为机器学习的基础,理解和掌握概率和统计的知识可以帮助我们更好地去学习机器学习中复杂的算法和理论。所以,本项目选用基于统计的旋律生成方法。

本章讲解一种基于隐马尔可夫模型和维特比算法的旋律自动伴奏生成算法,讲解如何利用统计概率的知识分析和生成音乐旋律,并通过安卓 APP 的方式给用户提供服务。

4.1 项目分析和设计

4.1.1 需求分析

近年来,随着各大社交平台的迅速发展,使得众多的原创歌曲进入我们的生活中。创作一首原创歌曲,除了需要灵感外,更多的还需要专业能力,包括乐理知识、演奏乐器的能力、乐感和听感。然而,枯燥的乐理知识却使人望而却步,如果还需要一门乐器的演奏,则需要投入不少的时间与金钱。这让很多有音乐想法的人难以将自己的音乐表达出来。

面对这一现象,国内外出现很多对自动伴奏、计算机音乐等相关方面的研究,但理论文章较多,实际产出的成品却很少,对理论的测评也限于较少的数据。在简单的测试后都有一些缺点,如效果不好、交互性差、非付费权限受限、不能生成多种音乐格式等。

因此,本章希望开发完成一个项目,它面向没有乐理知识或者没有乐器演奏能力的非音乐专业人群,用户只需要对着麦克风哼唱旋律或者从键盘输入旋律音高序列,并给予必要的乐理条件,就可以得到乐器伴奏。从而帮助有旋律想法的人进行自动编曲,为主旋律自动形成完整的、较为复杂的、音效较好的伴奏,以帮助他们创作一首完整的原创歌曲。

随着计算机科学的发展,算法作曲技术也得到飞速发展。算法作曲最具有代表性的方法有以下几种:基于遗传算法技术、基于规则算法的知识库系统、基于人工神经网络的方法、基于音乐文法的方法和基于 Markov 转换表的算法作曲方法。

在实际应用中,为歌曲添加伴奏,我们需要综合考虑歌曲的调式、节拍、风格等因素,然后从众多和弦中选取合适的和弦。歌曲的伴奏声部可以看作是和声的进行,歌曲伴奏的过程也可以看作是和声的横向运动。所以我们编配伴奏声部时采用的思想是:利用隐马尔可夫模型和维特比算法,首先为每一旋律片段选取一个合适的伴奏和弦,然后为每个伴奏和弦选择合适的伴奏音型(即伴奏的表现形态,可以是柱式和弦也可以是分解和弦),最后将伴奏和弦与伴奏音型相结合,最终生成伴奏声部。

本案例基于 Pycharm 和安卓手机客户端开发平台,采用 Python 语言编程实现旋律的自动伴奏生成,为一段旋律匹配伴奏和弦和伴奏音型,生成 MIDI 文件。涉及的知识点包括:

- 隐马尔可夫模型以及维特比算法。
- HTTP 协议和 URL 方式。
- APP 开发。

1. 功能需求

(1) 和弦数据库。训练已有数据,得出不同风格的和弦关系矩阵,形成数据库。

(2) 输入音高检测。检测用户通过麦克风/键盘输入的旋律,获得主旋律的音高序列。

(3) 生成和弦。利用隐马尔可夫模型自动生成与音高序列匹配的伴奏和弦序列。

(4) 生成伴奏。将和弦序列转换成伴奏音效,生成 MIDI 文件并播放。

(5) 服务方式。以 APP 形式交付,用户在客户端可以随时方便地使用。

2. 性能需求

由于艺术评判的特殊性和模糊性,判断音乐伴奏效果的好坏有一定难度。所以,在本项目中,主要对和弦数据库进行数据可信度的验证。首先收集 MusicXML 音乐文件,再经过数据处理之后,最后验证统计处理的结果是否符合音乐理论,从而验证数据的可信度。

4.1.2　系统设计

将整个项目的设计分为三个层级:表示层、应用层以及服务层。三个层级相互连接、相互影响,彼此之间有信息的传递和功能的支持。系统设计总框图,如图 4-1 所示,各层级之间的灰色填涂模块属于客户端模块,其他模块属于服务器功能模块。

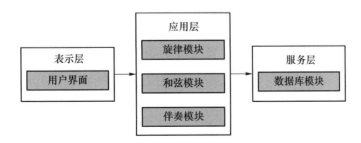

图 4-1　系统设计总框图

1. 表示层

表示层即为直接与用户交互的客户端,使用 AndroidStudio 平台开发。为用户提供旋律节奏、速度、配器等参数，以及音频录制的输入界面，将收集所需的信息传输给应用层，并将接收返回的结果交付给用户。

2．应用层

该层包含项目的主要核心算法。旋律模块接收从表示层传来的音频，对其进行处理，得到该段音频的速度、节奏、音调、音符等信息，最终分析出该段旋律对应的音高序列。

和弦模块主要是接收旋律模块输出的音高序列，基于建立好的数据矩阵，使用隐马尔科夫模型得到与该段音高序列搭配和谐的和弦序列。伴奏模块主要是接收和弦模块输出的和弦序列，将其转化为不同乐器的音效，形成可播放的 MIDI 文件。

3．服务层

该层包含本项目中的数据库模块，主要是搜集大量乐谱中的音调、节奏、旋律和和弦信息，构建概率矩阵，为和弦模块中的隐马尔科夫模型提供数据基础。

4.2　基础知识补充

4.2.1　音乐基础

在开始介绍项目之前，我们先了解一些相关旋律学的基础理论。在音乐体系中，音的特性与音的物理属性（高低、长短、强弱、音色）相对应，分别称其为音高、音长、力度、音色。存在七个基本音级，分别命名为 C(do)、D(re)、E(mi)、F(fa)、G(sol)、A(la)、B(si)。

在音乐中，节拍指有相同强弱音规律的时间片段按照特定的顺序在音乐中循环重复。常见拍的拍号有四二拍、四三拍、八三拍、八六拍。节奏指长音和短音按照一定的规律在音乐中的循环重复。节奏可以反映出音乐的风格，如节奏快的音乐，一般都是欢快、激扬的，而节奏慢的大部分是忧伤、抒情的。

在多声部中三个以上的音按照三度音程关系排列起来即可构成一个和弦。和弦可以被归类到最基础的五种三和弦（Triads）上。在项目中，对于更复杂的和弦（Extended），我们去除辅助音把它简化成核心的三和弦，分别简化成五类：major、minor、augmented、diminished、suspended，并且简化和弦并不会显著影响自动伴奏和弦的匹配。而根据和弦中各音的发声顺序，可以将和弦分为柱式和弦与分解和弦。在音乐作品中，多个不同音高的音，以某一具有稳定性的音为中心，按照一定的关系连接起来再组成的音列，称为调式。以 C 为稳定音的调，就可称为 C 调。同一调的音列根据其与稳定音的不同组织关系，如构成大三和弦（Major Triads）或小三和弦（Minor Triads），可产生出不同的调式，如 C 大调（C-Major）和 C 小调（C-Minor）。

下面介绍在项目中使用的音乐文件类型及其处理方法。

1．音乐文件

在项目中，我们主要考虑使用两种音乐文件——MusicXML 和 MIDI。

MusicXML 是乐谱和音乐电子化领域的一个标准文档，也是最通用的乐谱格式的音乐文件，它可以记录乐谱的展示和演奏细节，它的数据类型是文本数据。下面介绍一个基本的MusicXML 文件的例子，如例 4-1 所示。

【**例 4-1**】　一个基本的 MusicXML 表示。

针对一个简单的乐谱章节,如图 4-2 所示。

图 4-2　一节以 4/4 拍为基础,包含中央 C 全音符的音乐

采用 MusicXML 记录后的内容为:

```
<? xml version = "1.0" encoding = "UTF-8" standalone = "no"? >
<! DOCTYPE score - partwise PUBLIC
    " - //Recordare//DTD MusicXML 3.1 Partwise//EN"
    "http://www.musicXML.org/dtds/partwise.dtd">
<score-partwise version = "3.1">
    <part-list>
        <score-part id = "P1">
            <part-name>Music</part-name>
        </score-part>
    </part-list>
    <part id = "P1">
        <measure number = "1">
            <attributes>
                <divisions>1</divisions>
                <key>
                    <fifths>0</fifths>
                </key>
                <time>
                    <beats>4</beats>
                    <beat-type>4</beat-type>
                </time>
                <clef>
                    <sign>G</sign>
                    <line>2</line>
                </clef>
            </attributes>
            <note>
                <pitch>
                    <step>C</step>
                    <octave>4</octave>
                </pitch>
                <duration>4</duration>
                <type>whole</type>
            </note>
```

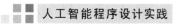
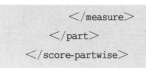

```
        </measure>
    </part>
</score-partwise>
```

文件中有很多音乐信息。对于＜attributes＞中的＜divisions＞1＜/divisions＞,＜divisions＞元素为持续时间元素提供了计量单位,即每四分之一音符的分音。示例为全音符,所以＜divisions＞元素的值为1。＜time＞下的＜beats＞4＜/beats＞和＜beat-type＞4＜/beat-type＞表示4/4节拍。＜pitch＞元素中的＜step＞C＜/step＞和＜octave＞4＜/octave＞表示中央C,程序中还有其他的音乐信息。

与MusicXML不同,MIDI(Music Instrument Digital Interface)是行业标准的音乐技术协议,为电子乐器等演奏设备定义的各种音符和弹奏码,专门用于存储和传输音乐的数字表示。它的出现,可以支持各类电子乐器、计算机等各种电子设备之间互联。

MIDI主要记录了音调、强度、音量、颤音、相位等各类乐器在演奏时的控制信号,同时,还支持设置节奏和时钟信号。这就相当于保存音乐的演奏过程。在不同的播放设备上,设备根据MIDI的信息实时演奏。针对这种格式的音乐文件,一些专业操作例如:混音、升降调、改音、合成等,都变得十分简单。表4-1为MIDI音符对应表,表中的数字对应音符和八度空间的信息。

表 4-1　MIDI 音符对应表

Octave#	Note Numbers											
	C	C#	D	D#	E	F	F#	G	G#	A	A#	B
-1	0	1	2	3	4	5	6	7	8	9	10	11
0	12	13	14	15	16	17	18	19	20	21	22	23
1	24	25	26	27	28	29	30	31	32	33	34	35
2	36	37	38	39	40	41	42	43	44	45	46	47
3	48	49	50	51	52	53	54	55	56	57	58	59
4	60	61	62	63	64	65	66	67	68	69	70	71
5	72	73	74	75	76	77	78	79	80	81	82	83
6	84	85	86	87	88	89	90	91	92	93	94	95
7	96	97	98	99	100	101	102	103	104	105	106	107
8	108	109	110	111	112	113	114	115	116	117	118	119
9	120	121	122	123	124	125	126	127				

2. 音乐文件处理方式

正则表达式描述了一种字符串匹配的模式,也称为规则表达式,常用于检索、替换符合指定模式(规则)的文本。从MusicXML文件的特点来看,可以使用正则表达式匹配和分析MusicXML文件。表4-2介绍了一些常见的正则表达式字符。

表 4-2　常见的正则表达式字符说明

字符	说明
\r	匹配一个回车符
\n	匹配一个换行符
\t	匹配一个制表符
\f	匹配一个换页符
\v	匹配一个垂直制表符
^	匹配输入字符串的起始位置
$	匹配输入字符串的结尾位置
\b	匹配一个单词边界,即字与空格之间的位置
\B	非单词边界匹配
( )	标记子表达式的开始和结束
[xyz]	xyz 表示字符集合,匹配中括号所包含的任意字符
[^xyz]	匹配非 xyz 集合中的字符
*	匹配前面表达式任意次
+	匹配前面表达式一次或多次
?	匹配前面表达式零次或多次
{n}	匹配前面表达式 n 次
{n,m}	最少匹配 n 次且最多匹配 m 次
.	匹配除换行符\n 之外的任意单字符
\	转义符
x|y	指明两项 x、y 之间的一个选择
[a-z]	匹配 a 至 z 范围的字符
\d	匹配数字,等价于[0-9]
\D	匹配非数字,等价于[^\d]
\w	匹配任意字母数字,等价于[a-zA-Z0-9]
\W	匹配非字母数字,等价于[^\w]
\s	匹配空白字符,等价于[\t\r\n\f\v],注意其中包含空格
\S	匹配非空白字符,等价于[^\s]

如果需要从旋律序列中检测出音乐信息,可以使用 TarsosDSP 处理。TarsosDSP 是一个用于音频处理的 Java 库,它的目标是为在纯 Java 中实现的实际音乐处理算法提供一个易于使用的界面,尽可能简单,没有任何其他外部依赖。该库试图在有能力完成实际任务但又足够紧凑和简单以演示 DSP 算法如何在工作之间达到最佳平衡点。TarsosDSP 具有打击乐起始检测器和多种音高检测算法的实现:YIN、Mcleod 音高方法和"动态小波算法音高跟踪"算法,还包括 Goertzel DTMF 解码算法、时间拉伸算法(WSOLA)、重采样、滤波器、简单合成、一些音频效果和音高变换算法。

基于 TarsosDSP 的音高检测(Pitch Detector)是实时的音频样本音高/频率监测,监测结果是频率值(单位:赫兹 Hz)和该频率对应的概率。

4.2.2　隐马尔可夫模型和维特比算法

隐马尔科夫模型(Hidden Markov Model,HMM)是比较经典的机器学习模型,在语音识别、自然语言处理、模式识别等领域得到了广泛的应用。作为一个经典模型,HMM 模型在问题建模和算法思路方面为我们提供了建议。

首先我们需要了解音乐的特点。由于音乐的时序性和连续性等特点,可以方便地将音乐旋律抽象为一个马尔科夫链。通过转移概率,衡量当前音符 c_1 与下一个音符 c_2 的转换关系,即 $P(c_2|c_1)$,在当前音符确定 c_1 的情况下,下一个音符 c_2 出现的条件概率。所以,转移概率表可以按照一定的风格标准来设定,或者针对某种特定风格的音乐作品进行收集统计。

隐马尔可夫模型是算法作曲中的常见模型。HMM 模型实际上是由一个不可观测的隐含的随机过程支持一个可观测的随机过程,是一个双重的随机过程。HMM 模型的数学表述:$\lambda = (A, B, \pi)$,其示意图,如图 4-3 所示。其中,A 表示转移概率矩阵,B 表示输出概率矩阵,π 表示初始状态矩阵(表示隐含状态在初始时刻 $t=1$ 的概率矩阵)。此外,HMM 模型存在两个非常重要的假设:

(1)齐次马尔可夫链状态。即任意时刻的隐藏状态只依赖于它的前一个隐藏状态。

(2)观测独立性假设。即任意时刻的观测状态仅仅以依赖当前时刻的隐藏状态。

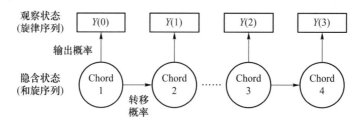

图 4-3　旋律的自动伴奏生成对应的 HMM 模型

隐马尔可夫模型在实际应用中有三个基本问题:评估问题、解码问题和学习问题。

(1)评估问题

给定观测序列 $Y=(y_1, y_2, \cdots, y_T)$ 和 HMM 模型,从模型中计算观察序列的概率分布。可用来评估一个模型和给定观察序列模型的匹配程度。常用算法有前向-后向算法。

(2)解码问题

给定观测序列 $Y=(y_1, y_2, \cdots, y_T)$ 和 HMM 模型,找出最可能对应的隐含状态序列。常用算法有维特比算法。

(3)学习问题

给定观察序列 $Y=(y_1, y_2, \cdots, y_T)$,调整 HMM 模型参数,使模型能够最佳地描述给定的观察序列。常用的算法有 ML(Maximum Likelihood)算法和 Baum-Welch 算法。

在项目中,将需要匹配的旋律序列(比如,用户哼唱的序列)作为隐马尔可夫模型的观测状态序列,将需要生成的匹配和弦序列作为隐含状态序列。通过收集统计音乐作品的信息,可计算隐马尔可夫模型的转移概率和输出概率,即确定 HMM 模型。

所以我们需要通过给定的多节旋律序列和 HMM 模型,生成匹配的和弦序列,这是一个解码问题,可以利用维特比算法解决。

对解码问题的数学描述:已知模型 $\lambda = (A, B, \pi)$ 和观测序列 $Y=(y_1, y_2, \cdots, y_T)$,求使得条件概率 $P(X|Y)$ 最大的隐状态序列 $X=(x_1, x_2, \cdots, x_T)$。接下来,将维特比算法引入隐马尔可夫模型的解码中,维特比算法中的最大概率路径对应着隐马尔科夫模型中要找的最可能的隐含状态序列,但是在计算过程中,我们不光考虑隐含状态的转移概率,还需考虑输出概率。

进一步描述项目目标：假设给定 HMM 模型的隐含状态空间 $S=\{s_1,s_2,\cdots,s_K\}$，初始隐含状态 i 的概率为 π_i，从隐含状态 i 到隐含状态 j 的转移概率为 $a_{i,j}$，观测状态空间为 $O=\{o_1,o_2,\cdots,o_N\}$，观测序列为 $Y=\{y_1,y_2,\cdots,y_T\}$。

产生观察结果的最可能的隐含状态序列 $X=\{x_1,x_2,\cdots,x_T\}$ 由递推关系给出：

$$T_1[i,1]=P(y_1|i)\cdot\pi_i$$
$$T_2[i,1]=0$$
$$T_1[i,j]=\max_k(T_1[k,j-1]\cdot A_{ki}\cdot B_{iy_j})$$
$$T_2[i,j]=\operatorname*{argmax}_k(T_1[k,j-1]\cdot A_{ki}\cdot B_{iy_j})$$

此处大小为 $K\times T$ 的 T_1 表格中的每个元素 $T_1[i,j]$，保存生成 $Y=\{y_1,y_2,\cdots,y_j\}$ 时最有可能的隐含状态序列 $X=\{x_1,x_2,\cdots,x_j\}$，$x_j=s_i$ 的概率。大小为 $K\times T$ 的 T_2 表格中的每个元素 $T_2[i,j]$，保存生成 $Y=\{y_1,y_2,\cdots,y_j\}$ 时最有可能的隐含状态序列 $X=\{x_1,x_2,\cdots x_{j-1},x_j\}$ 的 x_{j-1}，其中 $\forall j,2\leqslant j\leqslant T$。

前 t 个最终状态为 k 的观测结果最可能对应的状态序列的概率。通过保存向后指针记住在第二个等式中用到的隐含状态 x 可以获得维特比路径。下面介绍维特比算法的伪代码。

【例 4-2】　维特比算法的伪代码。

```
输入：观察空间 O = {o₁,o₂,⋯,oₙ},
隐含状态 S = {s₁,s₂,⋯,s_K},
观察序列 Y = {y₁,y₂,⋯,y_T}(若在 t 时间观察值为o_i,则 y_t = i),
大小为 K×K 的转移概率矩阵 A,A_ij 为从隐含状态s_i 到s_j 的转移概率,
大小为 K×N 的输出概率矩阵 B,B_ij 为从隐含状态s_i 观察到o_j 的概率,
大小为 K 的初始概率数组 π,π_i 为开始时刻,隐含状态x₁ = i 的概率。
输出：最可能的隐含状态序列 X = {x₁,x₂,⋯,x_T}
Function VITERBI(O,S,π,Y,A,B):X
    For each state s_i do
        T₁[i,1]←π_i · B_{iy₁}
        T₂[i,1]←0
    end for
    for i←2,3,⋯,T do
        for each state s_j do
            T₁[j,i]←max_k(T₁[k,i-1] · A_kj · B_{jy_i})
            T₂[j,i]←argmax_k(T₂[k,i-1] · A_kj · B_{jy_i})
        end for
    end for
    z_T←argmax_k(T₁[k,T])
    x_T←s_{z_T}
    For i←T,T-1,⋯,2 do
        z_{i-1}←T₂[z_i,i]
        x_{i-1}←s_{z_{i-1}}
    end for
    return X
end function
```

4.2.3　网络通信

本系统采用的是客户端/服务器架构,客户端的程序使用 Java 进行编程,部署在安卓手机上。服务端的程序采用 Python 进行编程,部署在 PC 端。客户端与服务器端的通信采用 HTTP 协议的"GET"方式进行发送与接收,参数的传递是通过字符串拼接生成对应的 URL 来获取。

1. HTTP 协议

超文本传输协议(Hyper Text Transfer Protocol,HTTP)是一个简单的请求-响应协议,它通常运行在 TCP 之上。它指定了客户端可能发送给服务器什么样的消息以及得到什么样的响应。HTTP 是基于客户/服务器的模式,且面向连接的。典型的 HTTP 事务处理过程如下:

(1)客户与服务器建立连接。

(2)客户向服务器提出请求。

(3)服务器接受请求,并根据请求返回相应的文件作为应答。

(4)客户与服务器关闭连接。

HTTP 存在 8 种请求方法,分别为 GET,HEAD,POST,PUT,DELETE,CONNECT,OPTIONS,TRACE,具体介绍,如表 4-3 所示。

表 4-3　HTTP 请求的 8 种方法

方法	描述
GET	请求指定的页面信息,并返回实体主体
HEAD	类似于 get 请求,只不过返回的响应中没有具体的内容,用于获取报头
POST	向指定资源提交数据进行处理请求(例如提交表单或者上传文件)。数据被包含在请求体中,POST 请求可能会导致新的资源的建立和\或已有资源的修改
PUT	从客户端向服务器传送的数据取代指定的文档的内容
DELETE	请求服务器删除指定的页面
CONNECT	HTTP/1.1 协议中预留给能够将连接改为管道方式的代理服务器
OPTIONS	允许客户端查看服务器的性能
TRACE	回显服务器收到的请求,主要用于测试或者诊断

HTTP 默认服务器端口使用 80 端口,而客户端使用的端口是动态分配的。需要注意的是,现在大多数访问都使用了 Https 协议,而 Https 协议默认的服务器端口是 443 端口,如果使用 80 端口访问 Https 协议的服务器可能被拒绝。

2. URL 格式

统一资源定位符(Uniform Resource Location,URL)用于定义互联网上的资源,遵循以下语法规则:

scheme://host. domain:port/path/filename

各部分解释如下:

scheme:定义因特网服务的类型。常见的协议有 HTTP、HTTPS、FTP、FILE,其中最常见的类型是 HTTP,而 HTTPS 则是进行加密的网络传输。

host:定义域主机(HTTP 的默认主机是 WWW)。

domain:定义因特网域名。

port:定义主机上的端口号(HTTP 默认端口使用 80 端口)。

path:定义服务器上的路径(如果省略,则文档必须位于网站的根目录中)。

filename:定义文档/资源的名称。

参数的传递也可以通过字符串拼接生成对应的 URL 来获取。例如,scheme://host. domain:port/path/? query,其中 query 用于给动态网页传递参数,可有多个参数,用"&"符号隔开,每个参数的名和值用"="隔开。

3. Flask 架构

Flask 是一个微型的 Python 开发的 Web 框架,基于 Werkzeug WSGI 工具箱和 Jinja2 模板引擎的一个简单包装,也称为"microframework",因为它使用简单的核心,用 extension 增加其他功能。Flask 没有默认使用的数据库、窗体验证工具。然而,Flask 保留了扩增的弹性,可以用 Flask-extension 加入这些功能:ORM、窗体验证工具、文件上传、各种开放式身份验证技术。

Flask 的基本模式为在程序里将一个视图函数分配给一个 URL,每当用户访问这个 URL 时,系统就会执行给该 URL 分配好的视图函数,获取函数的返回值并将其显示到浏览器上,其工作过程,如图 4-4 所示。

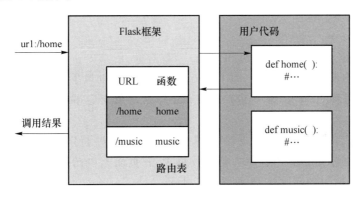

图 4-4　Flask 框架

【例 4-3】　一个 Flask 的最小应用。

```
from flask import Flask

app = Flask(__name__)
@app.route("/")
def hello_world():
    return "<p>Hello, World! </p>"
```

(1) 首先导入 Flask 类。该类的实例将会成为我们的 WSGI 应用。

(2) 接着创建一个该类的实例。第一个参数是应用模块或者包的名称。__name__ 是一个适用于大多数情况的快捷方式。有了这个参数,Flask 才能知道在哪里可以找到模板和静态文件等东西。

(3) 然后使用 route()装饰器来告诉 Flask 触发函数的 URL。

（4）函数返回需要在用户浏览器中显示的信息。默认的内容类型是 HTML，因此字符串中的 HTML 会被浏览器渲染。

可以使用 Flask 命令或者 Python 的-m 开关来运行这个应用。在运行应用之前，我们需要在终端里导出 FLASK_APP 环境变量：

```
> set FLASK_APP = hello
> flask run
  * Running on http://127.0.0.1:5000/
```

这样就启动了一个非常简单的内建的服务器。这个服务器用于测试应该是足够了，但是用于生产可能是不够的。

现在浏览器中打开 http://127.0.0.1:5000/，应该可以看到 Hello World! 字样。

4.3　数据分析和处理

4.3.1　数据处理

这是属于数据库模块的数据分析和处理。

首先，需要从开放的乐谱平台上用 Python 爬虫的方法批量下载大量的 MusicXML 文件（我们已经找到两种开放乐谱平台：musescore、豆谱音乐。两者均可提供大量完整的 MusicXML 文件作为数据源）。

网络爬虫是一种自动化的程序或者脚本，它可以根据某些特定的策略去不断抓取互联网站点信息。简单来说，就是利用程序去爬取收集 Web 页面上自己想要的数据，从而完成自动抓取数据的目标。爬虫的基本流程，如图 4-5 所示。

图 4-5　网络爬虫的流程图

然后，将下载的 MusicXML 文件分成轻柔类、欢快类、激烈类等三大类，再对这些 MusicXML 文件用正则表达式字符串匹配的方法进行解析，以获得每首谱子所有的音调与和弦信息。

通过统计和分析 MusicXML 文件，我们可以得到和弦与单音的关系以及和弦之间的过渡关系。和弦与和弦之间的过渡关系，即转移概率表，可以按照一定的风格标准来设定，或者针对某种特定风格的音乐作品进行收集统计。

和弦可以被归类到最基础的五种三和弦上：major，minor，augmented，diminished，suspended，并且简化和弦并不会显著影响自动伴奏和弦的匹配。

不同调式的乐谱可以通过乐谱中音高（Pitch）的整体增加或减少来进行改变，并且不会改变数据的普适性。编程统计所有的和弦过渡的关系，以及音调与和弦的关系所出现的频次，生成矩阵，用一些库函数转化成表格，最终把频次归一化使其中每个元素变为概率值。我们从中筛选出 600 个符合条件的 MusicXML 文件,再对其进行数据挖掘,最终有效乐谱为 300 个左右,生成了如图 4-6 所示的数据矩阵。

大调和弦　　大调单音矩　　开头和弦-pi.xls　　小调单音矩　　小调和弦矩
矩阵-a.xls　　阵-b-pre.xls　　　　　　　　　阵-b-pre.xls　　阵-a.xls

图 4-6　数据矩阵文件

4.3.2　数据验证

如图 4-7 所示,从大调单音矩阵中选出了大调常用的 6 个和弦,可见概率最大的三个单音,正是该和弦的构成音。其中,x 轴 1~12 分别表示 C、♯C、D、♯D、E、F、♯F、G、♯G、A、♯A、B,因此,大调单音矩阵的数据可信度较高。

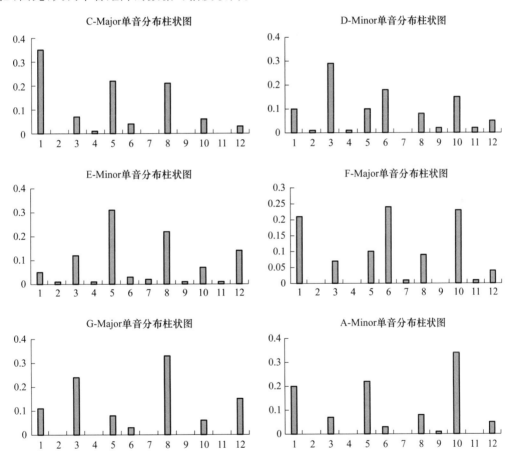

图 4-7　和弦-单音分布柱状图

关于和弦矩阵,由于和弦转换有很多种可能,以一些常见的走向举例,例如,从某一个和弦过渡到 C 和弦的概率,可见 G 的变化和弦(五级和弦)的概率最大,如图 4-8 所示。

再如从 C 和弦过渡到其他和弦的概率,以下 6 个和弦比较平均,如图 4-9 所示。

这些都是符合现实某些音乐理论的,比如,和弦解决理论:五级和弦(G)后很大概率是接

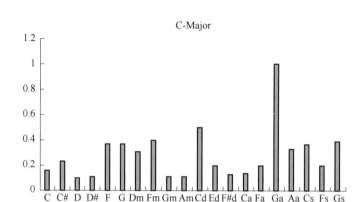

图 4-8　向 C 和弦过渡概率柱状图

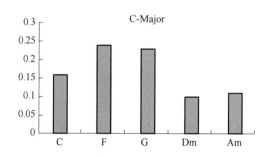

图 4-9　从 C 和弦过渡到其他和弦的概率柱状图

一级和弦(C)。因此,大调和弦矩阵也具有一定的可信度。以上说明我们收集的乐谱具有一定的代表性。

4.4　项目实现

自动伴奏—代码

4.4.1　项目平台

操作系统:Windows、Linux、Mac OS 系统下均可运行,必须装有 Python 环境及使用到相应工具包,且需保证程序所使用的服务器在当前可运行;Android(手机客户端)。

编程平台:Pycharm,AndroidStudio,Eclipse。

硬件平台:Android 手机。

4.4.2　应用界面设计

应用界面分为初始界面和录音界面,如图 4-10 所示。在初始界面中,用户选择通过键盘输入旋律音高序列的信息,包括节拍、音速、音调、风格参数和伴奏音型。然后进入录音界面,开始录制音频,生成伴奏。最后播放和下载伴奏音频文件。

(a) 初始界面　　　　　(b) 录音界面

图 4-10　APP 界面

4.4.3　旋律模块设计

旋律模块的主要目的是获取用户的旋律信息。用户可选择通过键盘输入旋律音高序列或者从音频中获取旋律音高序列,如图 4-11 所示。

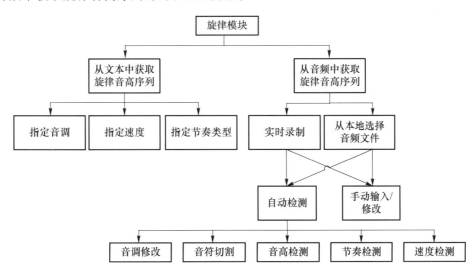

图 4-11　旋律模块设计功能架构图

（1）从文本中获取旋律音高序列

用户通过图形化界面输入旋律音高序列的同时需要自己填写音调、速度和节奏型信息。

（2）从音频中获取旋律音高序列

用户通过实时录制或者从本地文件中选取音频文件。系统通过自动检测获取音调、音高序列、节奏型、速度等相关信息。用户也可以在此修改自动检测的结果信息，便于结果更准确、效果更好。

本模块的技术关键是使用了 Java 的 TarsosDSP 库，该库是一个处理音频的 Java 库。使用库函数可实现实时的音高检测。经处理之后，监测结果为音调和该音调对应的概率，如图 4-12 所示，图中系列 1～12 表示 C，♯C，D，♯D，E，F，♯F，G，♯G，A，♯A，B，x 轴为切割区间，y 轴为概率值。

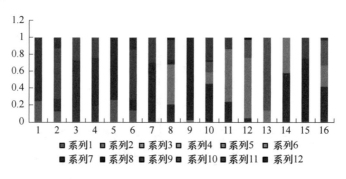

图 4-12 的彩图

图 4-12　音高检测结果示例

在准确度方面，对于出现的音符相同率是很高的，但是音符持续时间不能做到完全一样。在此次迭代中切割音符所使用的方法是定长小区间切割，越接近指定的参数录制时，其准确度越高。且在安静环境下（比如佩戴耳机），效果会更好。

4.4.4　服务器与接口设计

本系统采用的是 C/S(客户端/服务器)架构，如图 4-13 所示。客户端的程序使用 Java 进行编程，部署在安卓手机上。服务端的程序采用 Python 进行编程，部署在 PC 端上。数据库目前涉及数据不多，以表格的形式存储在 PC 端上。客户端与服务器端的通信采用 HTTP 协议的"GET"方式进行发送与接收，参数的传递是通过字符串拼接生成对应的 URL 来获取。

服务器端需要接收的参数有音高序列、音调、速度、选择的乐器与风格参数。对应接口变量分别为 str，a，speed，c，happy。

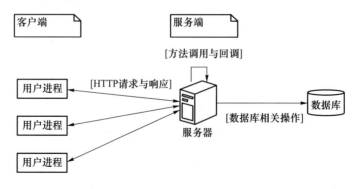

图 4-13　服务器与接口设计

【例 4-4】　获取来自客户端数据。

```
s = request.args.get('str')  # 音高序列
a = request.args.get('a')   # 音调
choose = request.args.get('c')  # 选择的乐器
speed = request.args.get('speed')  # 速度
happy = request.args.get('happy')  # 风格参数
```

4.4.5　和弦模块设计

对获得的音高序列和音调进行数据处理,并将结果与风格参数传入 HMM 模型和维特比算法,生成匹配的和弦序列,模型架构图,如图 4-14 所示。

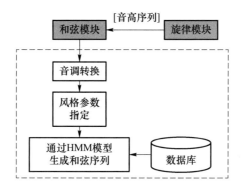

图 4-14　和弦模块设计框架图

【例 4-5】　有关音高序列和音调的数据处理。

```
import numpy
key = {'C':0,'bD':1,'D':2,'bE':3,'E':4,'F':5,'bG':6,'G':7,'bA':8,'A':9,'bB':10,'B':11}


def str_to_arr(str):

    arr = str.split("/")
    for i in range(len(arr)):
        arr[i] = arr[i].split(",")
        arr[i] = list(map(int,arr[i])) # 转变为 int 类型,将元组转化为列表
    return arr


def to_C(origin_key,arr):
    temp = key[origin_key]
    for i in range(len(arr)):
        for j in range(len(arr[i])):
            arr[i][j] - = temp # 不同调式的乐谱可以通过乐谱中音高的整体增加或减少来进行改
变,并且不会改变数据的普适性
```

```
    return arr

def melody_metrix(arr):
    metrix = numpy. zeros((len(arr),12))
    for i in range(len(arr)):
        count = 0
        for j in range(len(arr[i])):
            metrix[i][arr[i][j]] = metrix[i][arr[i][j]] + 1
            count = count + 1
        for j in range(12):
            metrix[i][j] = metrix[i][j]/count ♯ 频次归一化,并使其中每个元素变为概率值
    return metrix

def input(s,a):

    ♯ str = "1,2,3,4,5,6,7,8,9" 音高序列
    arr = str_to_arr(s) ♯转化为列表

    ♯ a = '♯C'
    to_C(a,arr) ♯不同调式的乐谱可以通过乐谱中音高的整体增加或减少来进行改变,并且不会改变
数据的普适性

    metrix = (melody_metrix(arr)) ♯频次归一化,并使其中每个元素变为概率值
    print(metrix)     ♯输出处理好的矩阵
    return metrix
```

从表格中获取数据:read_data_mul(file),read_data_single(file),得到数据库中的信息和旋律模块输出的音高序列。依据输入的音高旋律,利用隐马尔可夫模型和维特比算法,自动生成与该段旋律搭配和谐的和弦序列。

以{C,♯C,D,♯D,E,F,♯F,G,♯G,A,♯A,B}为隐含状态空间,由此生成转移概率矩阵;以最终录音音频处理得到的各小节音高分布为观测状态,经过与中间状态的极大似然处理后得到输出概率矩阵。

【例 4-6】 定义 HMM 类。

```
class HMM(object):
  def __init__(self, A, B, pi):
    '''''
    A:状态转移概率矩阵
    B:输出观察概率矩阵
    pi:初始化状态向量
    '''
    self.A = np.array(A)
    ♯print(A)
```

```
self.B = np.array(B)
self.pi = np.array(pi)
self.N = self.A.shape[0]    #总共状态个数
print(self.N)
self.M = self.B.shape[1]    #总共观察值个数
print(self.M)
```

在本项目中我们设置了伴奏的风格,用户可随意设置明朗和忧郁两种风格的比例。因此在本算法中,基于不同风格的乐谱数据,构建了两组转移概率矩阵和输出概率矩阵,在算法实现过程中,依据用户设置的风格参数将两组数据矩阵进行加权平均,得到最终的转移概率矩阵和输出概率矩阵,以此用于计算。然后根据 HMM 模型 $\lambda = (A, B, \pi)$,使用维特比算法得到伴奏和弦序列。

【例 4-7】　HMM 模型中的转移概率和输出概率处理。

```
# 根据大调和弦 A_happy 和小调和弦 A_sad 数据矩阵
temp = emo * math.log10(A_happy[i][j]) + (1 - emo) * math.log10(A_sad[i][j])  # 加权平均
temp = 10 ** temp
A[i][j] = temp    #对应隐含状态(和弦序列)的转移概率矩阵


# 根据大调单音 B1 和小调单音 B2 数据矩阵
temp = emo * math.log10(B1[i][j]) + (1 - emo) * math.log10(B2[i][j])
temp = 10 ** temp
B[i][j] = temp  #对应观察序列(旋律)的发射矩阵
```

【例 4-8】　使用 Viterbi 算法得到伴奏和弦序列。

```
defviterbi(self,obser, state):
    # max_p 记录每个时间点每个状态的最大概率,i 行 j 列,(i,j)记录第 i 个时间点 j 隐藏状态的
最大概率
    max_p = [[0 for col in range(self.N)] for row in range(len(obser))]
    # path 记录 max_p 对应概率处的路径 i 行 j 列 (i,j)记录第 i 个时间点 j 隐藏状态最大概率的
情况下,其前驱状态
    path = [[0 for col in range(self.N)] for row in range(len(obser))]

    # 初始状态(1 状态)
    for i in range(self.N):
        # max_p[0][i]表示初始状态第 i 个隐藏状态的最大概率
        #概率 = start_p[i] * emission_p[state[i]][obser[0]]
        max_p[0][i] = self.pi[i] * self.B[state[i]][obser[0]]
        path[0][i] = i

    # 后续循环状态(2 - t 状态)
    #此时 max_p 中已记录第一个状态的两个隐藏状态概率
    for i in range(1, len(obser)):    # 循环 t - 1 次,初始已计算
```

```
        max_item = [0 for i in range(self.N)]
        for j in range(self.N):   # 循环隐藏状态数,计算当前状态每个隐藏状态的概率
            item = [0 for i in state]
            for k in range(self.N):   # 再次循环隐藏状态数,计算选定隐藏状态的前驱状态为各种
状态的概率
                p = max_p[i - 1][k] * self.B[state[j]][obser[i]] * self.A[state[k]][state
[j]]

                # k 即代表前驱状态 k 或 state[k]均为前驱状态
                item[state[k]] = p
            # 设置概率记录为最大情况
            max_item[state[j]] = max(item)
            # 记录最大情况路径(下面语句的作用:当前时刻下第 j 个状态概率最大时,记录其前驱
节点)

            # item.index(max(item))寻找 item 的最大值索引,因 item 记录各种前驱情况的概率
            path[i][state[j]] = item.index(max(item))
        # 将单个状态的结果加入总列表 max_p
        max_p[i] = max_item


    # newpath 记录最后路径
    newpath = []
    # 判断最后一个时刻哪个状态的概率最大
    p = max_p[len(obser) - 1].index(max(max_p[len(obser) - 1]))
        newpath.append(p)
    # 从最后一个状态开始倒着寻找前驱节点
    for i in range(len(obser) - 1, 0, -1):
        newpath.append(path[i][p])
        p = path[i][p]
    newpath.reverse()
        return newpath
```

4.4.6 伴奏模块设计

该模块可以根据和弦模块输出的和弦序列,在用户指定配器类型的条件下生成一种或多种配器的音效,并以可播放音频文件形式保存。此处可选择的配器类型有吉他分解、吉他柱式、钢琴分解、钢琴柱式、贝斯和鼓。调用 Python 的 mido 库,根据输入参数生成相应 MIDI 文件。

【例 4-9】 伴奏模块。

```
# 伴奏模块(testpython.py/drum.py/bass.py)选择对应的乐器文件
if(int(choose[0]) == 1):
    testpython.createOneChord(colours, int(str(speed)),'钢琴分解.mid',1,0)
if (int(choose[1]) == 1):
```

```
        testpython.createOneChord(colours, int(speed),'钢琴柱式.mid',0,0)
    if (int(choose[2]) == 1):
        testpython.createOneChord(colours, int(speed),'吉他分解.mid', 1, 1)
    if (int(choose[3]) == 1):
        testpython.createOneChord(colours, int(speed),'吉他柱式.mid', 0, 1)
    if (int(choose[4]) == 1):
        drum.drum(len(colours), int(speed))
    if (int(choose[5]) == 1):
        bass.createbass(colours,len(colours), int(speed))
```

【例 4-10】 MIDI 文件的生成。

```
# testpython.py
# 0.钢琴分解,1.钢琴柱式,2.吉他分解,3.吉他柱式
def createOneChord(colours,speed,filename,brokenchord,guitar):
# brokenchord:注释或者分解;guitar:钢琴或者吉他

myTrack = track(speed) #匹配速度
number = 1


for colour in colours:
    str1 = str(colour)
    chordType1 = chordType(colour)
    str1ChordNote0 = chordNote0(str1)
    if(number == 1):
        firstChord = chord(str1ChordNote0, 0, chordType1)
        myTrack.inputChord(firstChord.note, firstChord.velocity,brokenchord,guitar)
    elif(number == 2):
        secondChord = chord(str1ChordNote0, 1, chordType1)
        myTrack.inputChord(secondChord.note, secondChord.velocity,brokenchord,guitar)
    elif (number == 3):
        thirdChord = chord(str1ChordNote0, 2, chordType1)
        myTrack.inputChord(thirdChord.note, thirdChord.velocity,brokenchord,guitar)
    elif(number == 4):
        fourthChord = chord(str1ChordNote0, 3, chordType1)
        myTrack.inputChord(fourthChord.note, fourthChord.velocity,brokenchord,guitar)
        number = 1

myTrack.savemid(filename) #保存 MIDI 文件
```

4.5　性能评估和模型拓展

本项目基于隐马尔可夫模型和维特比算法的旋律自动伴奏生成算法，

自动伴奏—视频 1

生成伴奏,并通过 APP 形式交付给用户,使用户在客户端可以随时方便地使用。

通过上述分析,本项目具有以下特点:

(1)安全性。没有对用户资料的访问过程,直接打开软件即可使用,保障了用户的信息安全。

(2)可用性。软件的使用平台是手机,所以尽可能使用简单易懂的操作界面和简易便捷的操作方式,提高了软件的可用性。

(3)可维护性。为了便于项目维护,代码语言应当规范,系统的各功能要尽量模块化。

(4)可扩展性。可根据需求向不同操作系统平台拓展。

目前,模型匹配的伴奏音型形式简单,演奏的音响效果比较单薄,相对于歌曲丰富多彩的音乐形象来说,难以匹配。为了更好地为歌曲的内容服务,在伴奏音型基本形态的基础上,通过多种拓展手段,可使伴奏音型更为细致生动。

对于模型,HMM 模型是无记忆性的,导致其不能考虑上下文的特征,而限制了特征的选择。因为它只与其前一个状态有关,如果想利用更多的已知信息,必须建立高阶的 HMM 模型。随着深度学习和神经网络技术的兴起,人工智能正被广泛应用于音乐检索、音乐创作和音乐教学等领域。而深度学习的一个主要优势是特征提取。所以可以考虑使用深度学习从旋律中提取特征完成伴奏的端到端自动生成。

思考题:

1. 采用深度神经网络模型实现音乐自动伴奏。
2. 设计实现一个微信小程序版本的音乐自动伴奏。

自动伴奏—视频 2

第5章

抬头率检测系统

近年来随着手机、平板电脑等设备在人们生活中不断普及,学生上课人手一个智能手机或平板电脑,大学课堂中此类现象更加普遍,从而导致学生上课的注意力不断被这些智能终端所吸引,大学课堂中出现大量低头族,学生上课的听讲效率下降。那么如何提高大学课堂质量就成为学校非常关注的一个问题。如果能够打造一个监测课堂中学生上课听讲状态的系统,就可以帮助学校评估和提高教学质量。

抬头率检测—课件

本系统旨在为高校提供一种对课堂教学质量进行监测的工具。通过调用教室前置摄像头获取教室里上课时的照片,并基于人脸识别对照片进行处理,得到照片中抬头的人脸数,然后再调用数据库中的信息计算得到当前课堂的抬头率。系统采用深度神经网络 CNN 进行人脸检测,使用 Python 语言编程实现,且实现了一个单机版的图形用户界面。

5.1 项目分析和设计

5.1.1 项目分析

目前的学校教室里一般都安装了前置摄像头,学校教务系统里有全校的教室课表,所以项目设计是针对一所学校教室里的图像采集信息,采用 MTCNN 多任务网络人脸检测算法,提取到某时刻图片中学生的人脸特征信息,得出当前教室内学生的抬头数据,再从 MySQL 数据库中动态调取出教室内相应时间的课堂名单人数,以此计算出某个时刻课堂上的抬头率数据。

系统的目标用户是学校的教学管理部门,所以设计单机版专用监控平台图形用户界面,在需要监控的部门进行安装使用,后台需要连接数据库管理系统,读取教室课表信息,保存抬头率相关历史数据等。

系统登录后会有选择上课教室和上课时间的初始界面,如图 5-1 所示。

在下拉框中手动选取待监测的教室与课程,选取相关课程后,界面上会即时显示出当前课程的相关信息,比如课程名称、教师编号以及课程应到人数等,如图 5-2 所示。

图 5-1　检测系统初始界面

图 5-2　选取监测教室与课程

接下来用户可以点击"更新图片"按钮,来调取该教室当前的图像,如图 5-3 所示。

图 5-3　调取当前教室图像

点击抬头率按钮,此时系统后台调用人脸识别算法,教室内抬头学生的人脸轮廓等相关信息会被标记出来,如图 5-4 所示。

图 5-4　人脸识别算法的识别效果

同时抬头率等指标会被计算出来显示在 UI 界面,如图 5-5 所示。

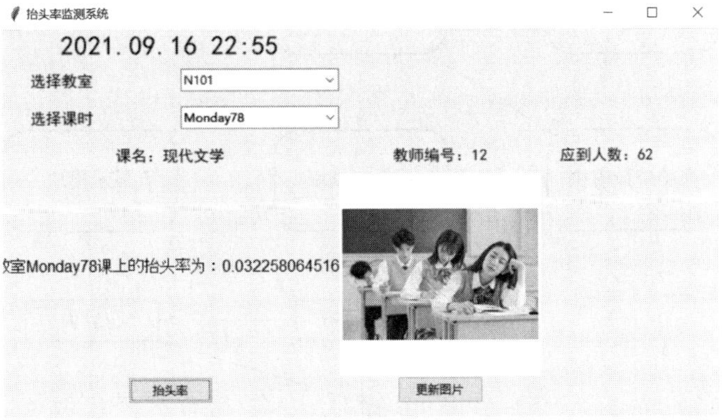

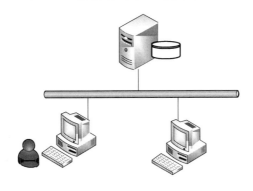

图 5-5　计算抬头率指标

5.1.2　系统设计

系统整体结构采用 Client/Server 架构,如图 5-6 所示。

图 5-6　系统结构

系统功能划分为五个模块:主控制模块、登录检验模块、人脸统计模块、数据库模块和显示模块。

(1) 主控制模块。给出程序开始命令,传输到登录检验模块中。

(2) 登录检验模块。检验所输入的用户名与密码是否吻合,若吻合返回给主控制模块一个准入信号,主控制模块开始给其余各模块发送运行信号。

(3) 人脸统计模块。其接收到用户的教室选择后,开始对该教室的图像进行分析,最后得出抬头人数,传输给数据库模块。

(4) 数据库模块。预先将各个教室的应到人数存储在数据库中,之后再结合抬头人数计算出抬头率,传输给结果显示函数。

(5) 显示模块。主要用来给用户输入教室选择以及时间选择,并给出最终的抬头率显示和所选教室实时图片。

功能测试结构图,如图 5-7 所示。

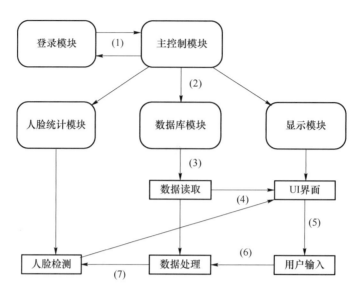

图 5-7　软件整体结构图

5.1.3　接口设计

1. 外部接口

（1）硬件接口。本系统与教室摄像头系统之间图片的传输，在现阶段使用本地的图片实现对摄像头系统的模拟。

（2）数据库接口。本系统与 MySQL 之间数据的传输，包括用户信息的传递，课堂信息的传递。

2. 内部接口

（1）登录模块将用户输入的数据与数据库中获取的数据对比。

（2）选择教室时从数据库得到所有教室的名称，并形成下拉菜单供用户选择。

（3）选择课堂时从数据库得到所有课时的名称，并形成下拉菜单供用户选择。

（4）图片呈现需要根据选择的教室和课堂，从本地获取相应的图片呈现在图形界面上。

（5）人脸识别模块从图片显示模块得到图片路径，经处理之后将图片中的人脸数据信息传送给图形显示模块。

5.2　基础知识补充

5.2.1　MySQL 数据库

　　MySQL 是一个关系型数据库管理系统（Relational Database Management System，RDBMS），由瑞典 MySQL AB 公司开发，目前属于 Oracle 旗下产品，是最流行的关系型数据库管理系统之一。

MySQL 将数据保存在不同的表中,而不是将所有数据放在一个大仓库内,这样就增加了系统响应速度并提高了灵活性。MySQL 使用 SQL 语言访问数据库,是用于访问数据库最常用的标准化语言。由于其体积小、速度快、易用性好,尤其具有开放源码这一特点,人们在网络应用开发中常常都选择 MySQL 作为后台数据库。

5.2.2　Tkinter

Tkinter 是 Python 的标准 GUI 库。Python 使用 Tkinter 可以快速地创建 GUI 应用程序。Tkinter 模块(Tk 接口)是 Python 的标准 Tk GUI 工具包的接口,Tk 和 Tkinter 可以在大多数的 Unix 平台下使用,同样可以应用在 Windows 和 Macintosh 系统里。Tk8.0 的后续版本可以实现本地窗口风格,并可以良好地运行在绝大多数平台中。

由于 Tkinter 是内置到 Python 的安装包中,只要安装好 Python 之后就能引入 Tkinter 库,而且 IDLE 也是用 Tkinter 编写而成,对于简单的图形界面 Tkinter 可以应付自如。

5.2.3　卷积神经网络

卷积神经网络(Convolutional Neural Network,CNN),是深度学习技术中极具代表的网络结构之一。CNN 基于多层感知机,用于处理二维图像,采用多个隐藏层进行深度学习,在图像处理领域取得了很大的成功。CNN 相较于传统的图像处理算法的一个显著优势在于,避免了对图像复杂的前期预处理过程(数据处理、数据分析、人工提取特征等),可以直接输入原始图像。CNN 采用多个隐藏层结构构造深度神经网络,各个隐藏层可以看作是不同粒度的特征提取。

20 世纪 90 年代,LeCun 最早提出了卷积神经网络的概念,经过几十年的发展,浮现出很多经典的模型结构,从用于手写数字识别的 LeNet-5 模型,到深度和性能大幅度提升的 GoogleNet 模型,再到解决训练难问题的 ResNet 模型。这些模型的发展推动了图像处理领域的飞速发展,为当今的图像分类、目标检测、语义分割、人脸识别等技术提供了算法模型基础。

CNN 模型主要包括卷积层、池化层和全连接层。通常来说,卷积层和池化层交替连接,最后高层再加上全连接层。卷积层主要进行卷积操作,通过卷积核在特征矩阵上进行窗口滑动,提取高维度特征并降低噪声。池化层主要进行池化操作,最常见的有最大池化、平均池化等,其主要作用是提取主要特征忽略次要部分,以减少模型参数。池化层还起到控制网络输出维度的作用,以方便与高层的全连接层连接。全连接层一般连接 softmax 等输出层,用于输出模型结果。

卷积层进行图像特征的提取,主要有两个特点:局部连接和参数共享。局部连接,指网络中的神经元不是与它前一层的所有神经元进行连接,而是仅仅连接一部分,这样神经元可以用于局部特征的学习。参数共享,指在卷积层不同的神经元使用相同的连接权,对于同一个滤波器它提取特征的方式与数据的位置无关,所以它提取到的局部特征也能用于其他区域。一般传统的神经网络往往容易因为参数过多而出现过拟合,因此通过上述两个特点可以在一定程度上解决这个问题。

卷积层的参数设置包括:

（1）卷积核（或滤波器）的大小。卷积核的大小又称为神经元的感受野,一般感受野设置为 5×5 或 3×3。

（2）卷积核的数量。对应下一层数据输出特征图的深度。

（3）滑动步长。在滑动卷积核时,需要指定步长,滑动的操作会使得输出的数据在空间上变小。设置步长大小时,需要考虑输入数据的维度以及零填充的大小,以确保输入数据和输出数据的维度匹配。

简单理解,就是卷积层是通过滤波器在原始图像上进行平移,来提取图像特征。卷积层的输入输出维度满足公式(5-1)和(5-2)。

$$h_{\text{out}}=\left[\frac{h_{\text{in}}+2\times\text{pad}-\text{kernel}}{\text{stride}}\right]+1 \tag{5-1}$$

$$w_{\text{out}}=\left[\frac{w_{\text{in}}+2\times\text{pad}-\text{kernel}}{\text{stride}}\right]+1 \tag{5-2}$$

其中,h、w 对应图片的高、宽,pad 对应填充值的大小,kernel 对应卷积核的大小,stride 对应滑动步长。

通过卷积层获得了图像的特征之后,理论上可以直接使用这些特征训练模型,但是这样做仍然面临巨大的计算量的挑战,而且容易产生过拟合的现象。为了进一步减少网络训练参数,并降低模型的过拟合程度,CNN 常常对卷积层进行池化(Pooling)/子采样层(Subsampling)处理。

池化层可以被看作是一种特殊的卷积层。池化的计算方法和卷积类似,但不尽相同。池化过程也是用大小一定的滑动窗口在输入图像上作指定步长的水平向右和垂直向下的滑动。当前常见的池化的方式有以下几种:

（1）平均池化(Mean-Pooling)。将池化窗口中的所有值相加取平均,以平均值作为采样值。如图 5-8 所示,池化核大小为 2×2,步长也为 2,对输入二维数据进行平均池化运算,那么输出的二维数据维度将减小一半。

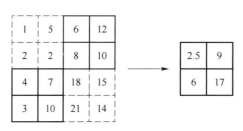

图 5-8　平均池化示例

（2）最大池化(Max-Pooling)。选择池化窗口中的最大值作为采样值。

（3）随机池化(Random-Pooling)。随机保留池化窗口中的某个值作为采样值。

其实,池化函数可以灵活选取,比如,加权平均、L2 范数、聚类动态池化等。

池化的作用对于图像来说,可以最大程度的保留图片的信息,并且降低了图像的尺寸,同时增大了卷积核的感受野,可以提取到图像的高层特征,减少了神经网络的参数数量,能够有效地预防神经网络模型训练过程中的过拟合现象。

通常来讲,池化操作在特征映射上无重叠地选择局部区域。CNN 能够捕捉图像的平移不变性以及旋转不变性等特征,主要原因是因为池化层在神经网络中的应用。

全连接层的目的是将特征由一个特征空间线性映射到另一个特征空间，当前层的神经元与上一层的神经元一一连接，层内神经元没有连接，就像前馈神经网络。对于整个卷积神经网络来说，全连接层起到了“分类器”的作用，将隐藏层的特征空间映射到样本标记空间，例如，传递给 softmax 逻辑回归进行分类。

5.3 数据分析和处理

5.3.1 数据形式

每学期初将从教务处导出的课程表转换成如表 5-1 所示的格式，保存在 MySQL 数据库中，以备随时访问。

表 5-1 数据表格式

主键	字段名	字段类型
是	classroom	string
是	time	string
	classname	string
	teacherID	int
	stunum	int

其中，classroom 和 time 作为联合主键，同时被保存的还有课程相关信息，如课程名称、授课教师、应到人数等，在使用时，连接数据库即可访问数据。

数据表中存储的内容示例，如图 5-9 所示。

```
mysql> select * from classinfo;
+-----------+-----------+--------------+-------------+--------+
| classroom | time      | classname    | teachernum  | stunum |
+-----------+-----------+--------------+-------------+--------+
| N101      | Monday12  | python       |           1 |     10 |
| N103      | Monday12  | java         |           2 |     30 |
| S101      | Monday12  | c++          |           3 |     52 |
| S103      | Monday12  | c            |           4 |     53 |
| N101      | Monday34  | java         |           2 |      2 |
| N103      | Monday34  | 机器学习     |           5 |     20 |
| S101      | Monday34  | 深度学习     |           6 |     56 |
| S103      | Monday34  | 大数据       |           7 |     57 |
| N101      | Monday56  | 学术英语     |           8 |     58 |
| N103      | Monday56  | 高等数学     |           9 |     59 |
| S101      | Monday56  | 数据结构     |          10 |     60 |
| S103      | Monday56  | 多媒体应用   |          11 |     61 |
| N101      | Monday78  | 现代文学     |          12 |     62 |
| N103      | Monday78  | 数据分析     |          13 |     63 |
| S101      | Monday78  | 近现代史     |          14 |     64 |
| S103      | Monday78  | 中国文学史   |          15 |     65 |
| N101      | Tuesday56 | 企业经营管理 |          16 |     66 |
+-----------+-----------+--------------+-------------+--------+
17 rows in set (0.00 sec)
```

图 5-9 数据库中存放的课程相关信息

用户登录账号管理在本项目中比较简单，只有一类用户，就是教务管理员，同时也是系统管理员，所以没有设置“用户表”，给出固定的登录账号进行身份验证即可。

5.3.2　获取教室名称与课时名称

抬头率检测—代码

1. 连接 MySQL 数据库

【例 5-1】　使用 pymySQL 连接数据库。

```
import pymysql

conn = pymysql.connect(host = '127.0.0.1' ♯ 连接名称,默认 127.0.0.1
,user = '' ♯ 用户名
,passwd ='' ♯ 密码
,port = 3306 ♯ 端口,默认为 3306
,db ='mysql' ♯ 数据库名称
,charset ='utf8' ♯ 字符编码
)
cur = conn.cursor()    ♯ 生成游标对象
```

2. 在数据库当中读取教室名称与课时名称

【例 5-2】　读取数据库。

```
sql1 = "select * from 'classinfo'"   ♯ SQL 语句
cur.execute(sql1)   ♯ 执行 SQL 语句
global data1
data1 = cur.fetchall()   ♯ 通过 fetchall 方法获得数据
global nrows
nrows = len(data1)
global roomname
roomname = []
global timename
timename = []
for i in data1:
classroom1, time1 , class1, teachernum , stunum   = i
♯ 为避免重复添加判断语句去重
    if classroom1 not in roomname:
        roomname. append(classroom1)
    if time1 not in timename:
        timename. append(time1)

cur.close()   ♯ 关闭游标
conn.close()   ♯ 关闭连接
```

3. 获取教室名称和课时名称

【例 5-3】　读取用户界面输入。

```
global class_room_chosen
class_room_chosen = ttk.Combobox(window, width = 20, height = 10, textvariable = class_room,
state = 'readonly')
class_room_chosen['values'] = roomname
class_room_chosen.grid(column = 0, row = 1, sticky = 'e')

global course_time_chosen
course_time_chosen = ttk.Combobox(window, width = 20, height = 10, textvariable = course_time,
state = 'readonly')
course_time_chosen['values'] = timename
course_time_chosen.grid(column = 0, row = 2, sticky = 'e')
```

5.3.3 获取图片并展示

由于系统规模有限,不能实时查看教室的当前状况,这也是目前本应用的局限性所在。所以系统功能设计为:摄像头采集的图片保存在服务器的一个目录路径下,每个课堂只保存最新的一张图片;程序代码中从在指定路径读取图片并展示出来。

【例 5-4】 图片的读取和显示。

```
pic_path = str(class_room_chosen.get()) + str(course_time_chosen.get()) + '.jpg'
img = os.path.join(r'C:\Users\DELL\Desktop\TaiTouLv_Jiance\faces', pic_path)
＃图片的命名需按规则来命名,具体规则可参考示例图片名称
img_open = Image.open(img)

＃图片显示
(x, y) = img_open.size  ＃ read image size
global x_s
global y_s
x_s = 200  ＃ define standard width
y_s = y * x_s // x  ＃ calc height based on standard width
img_adj = img_open.resize((x_s, y_s), Image.ANTIALIAS)
global img_png ＃这里一定要设置为全局变量,不然图片无法正常显示
img_png = ImageTk.PhotoImage(img_adj)
Image2.configure(image = img_png)
```

5.4 项目实现

5.4.1 项目平台

1. 系统运行环境

系统:Windows

数据库系统：MySQL

2. 开发环境

开发语言：Python

工具软件：pycharm2019

5.4.2　项目整体思路

项目首先进行用户的登录与验证。其次验证通过以后，用户选取希望查看的教室情况。然后获取所在教室的摄像头得出的图像。最后将导出的图像输入到训练好的模型当中，得出抬头率等数据并将之展示到界面上。

程序步骤，如图5-10所示。

图 5-10　程序步骤

模型的训练过程与大多数深度学习训练过程类似，首先将数据切分为训练集、验证集与测试集，其次构建深度学习网络并输入数据进行训练，然后检测人脸的得分值与位置信息等并设置检测状态，最后获得课堂指定时间的抬头率相关数据。

模型训练步骤，如图5-11所示。

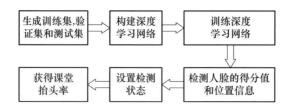

图 5-11　模型训练步骤

5.4.3　各模块实现

1. 登录模块

```
##登录界面
root = tk.Tk()
root.title('欢迎进入北邮抬头率检测系统！')
root.geometry('600x420')
#增加背景图片
img = Image.open(r"C:\Users\11949\Desktop\TaiTouLv_Jiance\bupt.jpg")
img2 = img.resize((600, 420), Image.ANTIALIAS)
photo = ImageTk.PhotoImage(img2)
theLabel = tk.Label(root,
```

```
                text = "",♯内容
                justify = tk.LEFT,♯对齐方式
                image = photo,♯加入图片
                compound = tk.CENTER,♯关键:设置为背景图片
                font = ("华文行楷",20),♯字体和字号
                fg = "white")♯前景色
theLabel.place(x = 0,y = 0)


name = tk.Label(root, text = "请输入用户名:", width = 16, height = 1)
name.place(x = 50, y = 220)
name_tap = tk.Entry(root,  width = 16)
name_tap.place(x = 250, y = 220)
code = tk.Label(root, text = "请输入密码:", width = 16, height = 1)
code.place(x = 50, y = 250)
code_tap = tk.Entry(root,  width = 16)
code_tap.place(x = 250, y = 250)
get_into = ttk.Button(root, text = '登录', command = get_in).place(x = 250,y = 300)
root.mainloop()
```

登录界面,如图 5-12 所示。

图 5-12　登录结果展示界面

2. 人脸识别模块设计

(1)功能描述

对获取的图片进行识别得到图片中抬头的人脸数。

(2)输入数据

接受用户的教室选择以及时间选择。

（3）输出数据

经过 MTCNN 算法处理后，输出检测出的人脸数量（int 型）。

（4）算法和流程

教室和时间定了之后，以其为元素找到对应的图片路径，打开该图片进行处理，输出处理结果。

（5）函数说明

inspect（）函数：使用路径组合，将图片名组合出来以后，打开图片，再用 MTCNN 算法处理图片得出人脸数目。

```
def inspect():  #将人脸检测函数内嵌
    nonlocal face
    str1 = "教室"
    str2 = "课上的抬头率为:"
    path = r'C:\Users\11949\Desktop\TaiTouLv_Jiance\faces'
    pic_path = str(class_room_chosen.get()) + str(course_time_chosen.get()) + '.jpg'
    p = path + '/' + pic_path
    image = Image.open(p)
    bounding_boxes, landmarks = detect_faces(image)
    image = show_bboxes(image, bounding_boxes, landmarks)
    image.show()
    a = len(bounding_boxes)
    face = a
```

3. 数据处理模块设计

（1）功能描述

从其余各模块读取数据，保存数据之后，进行处理，给出抬头率数据。

（2）输入数据

提前存好每个教室该有的人数。

（3）输出数据

经过自写算法后，输出抬头率数据（float 型）。

（4）算法和流程

从人脸识别模块获得数据人脸数，然后从数据库当中获得一个教室该到的人数，将两者相除，得到抬头率数据。

（5）函数说明

rate_cal（）函数：先打开数据库，然后从中读取教室应有的出勤人数，然后再接受 face 数据，最后相除得到结果。

```
def rate_cal():
    face = 0
    inspect()
    total = 0
    for i in range(nrows):
        if (data1[i][0] == class_room_chosen.get() and data1[i][1] == course_time_
chosen.get()):
```

```
                total = data1[i][4]
        global rate
        rate = face / total
        str1 = "教室"
        str2 = "课上的抬头率为:"
        str3 = str(rate)
        var.set(class_room_chosen.get() + str1 + course_time.get() + str2 + str3)
```

class_info()函数:从数据库中获取课程相关信息并展示在 UI 界面上

```
def class_info():
    total = 0
    classname2 = ''
    teachernum2 = 100
    for i in range(nrows):
        if (data1[i][0] == class_room_chosen.get() and data1[i][1] == course_time_chosen.
get()):
            total = data1[i][4]
            classname2 = data1[i][2]
            teachernum2 = data1[i][3]
    global total_str
    global classname2_str
    global teachernum2_str
    total_str = str(total)
    classname2_str = classname2
    teachernum2_str = str(teachernum2)
    kuang1 = tk.Label(window, text='应到人数:' + total_str, width=16, height=2, font=("黑
体", 12)).grid(column=2, row=3)
    kuang2 = tk.Label(window, text='课名:' + classname2_str, width=16, height=2, font=("黑
体", 12)).grid(column=0, row=3)
    kuang3 = tk.Label(window, text='教师编号:' + teachernum2_str, width=16, height=2, font
=("黑体", 12)).grid(column=1, row=3)
```

4. 显示模块设计

(1) 功能描述

使用 tkinter 库做一个界面,用以让用户输入数据以及显示最终结果。

(2) 输入数据

在 Label 标签中接收输入数据(str 型)。

(3) 输出数据

将所输入的数据以 str 型字符串再传入函数中进行处理。

(4) 算法和流程

使用 grid 进行布局,button 进行函数按钮化。

```python
##主窗口
def get_in():
    # GUI代码
    root.destroy()
    global window
    window = tk.Tk()   #这是一个窗口object
    window.title('抬头率监测系统')
    window.geometry('600x400')   #窗口大小

    #选择教室标签加下拉菜单
    choose_classroom = tk.Label(window, text = "选择教室", width = 15, height = 2, font = ("黑
体", 12)).grid(column = 0, row = 1,

sticky = 'w')
    class_room = tk.StringVar()
    global class_room_chosen
    class_room_chosen = ttk.Combobox(window, width = 20, height = 10, textvariable = class_room,
state = 'readonly')
    class_room_chosen['values'] = roomname
    class_room_chosen.grid(column = 0, row = 1, sticky = 'e')

    #选择课时标签加下拉菜单
    choose_time = tk.Label(window, text = "选择课时", width = 15, height = 2, font = ("黑体",
12)).grid(column = 0, row = 2,
sticky = 'w')
    course_time = tk.StringVar()
    global course_time_chosen
    course_time_chosen = ttk.Combobox(window, width = 20, height = 10, textvariable = course_
time, state = 'readonly')
    course_time_chosen['values'] = timename
    course_time_chosen.grid(column = 0, row = 2, sticky = 'e')

    def gettime():   #当前时间显示
        timestr = time.strftime('%Y.%m.%d %H:%M', time.localtime(time.time()))
        lb.configure(text = timestr)
        window.after(1000, gettime)
        path = r'C:\Users\11949\Desktop\TaiTouLv_Jiance\faces'
        pic_path = str(class_room_chosen.get()) + str(course_time_chosen.get()) + '.jpg'
        p = path + '/' + pic_path
#判断下拉框选定的图片是否存在,若存在则打印出课堂信息
        if os.path.exists(p):
            class_info()
```

```
lb = tk.Label(window, text ='', font = ("黑体", 20))
lb.grid(column = 0, row = 0)
gettime()

img = r'C:\Users\11949\Desktop\TaiTouLv_Jiance\faces\start.jpg'# # 初始化图片界面
img_open = Image.open(img)
# 显示图片的代码
(x, y) = img_open.size   # read image size
x_s = 200   # define standard width
y_s = y * x_s // x   # calc height based on standard width
img_adj = img_open.resize((x_s, y_s), Image.ANTIALIAS)
img_png = ImageTk.PhotoImage(img_adj)
Image2 = tk.Label(window, bg ='white', bd = 20, height = y_s * 0.83, width = x_s * 0.83,
                  image = img_png)   # # 0.83 用来消除白框
Image2.grid(column = 1, row = 4, sticky ='w')
flag = IntVar()
flag.set(0)
```

5. 从摄像机读取图片

```
import numpy as np
import cv2 # 需要提前安装 opencv
    cap = cv2.VideoCapture(0)
print(cap.isOpened())
ret, img = cap.read()
print(ret, img)
cv2.imshow("Image", img)
cv2.imwrite(r"C:\Users\10485\Desktop\TaiTouLv_Jiance", img) # 此处填写摄像头拍摄的照片的存
储路径
cv2.waitKey(0)

# 释放摄像头资源
cap.release()
```

6. 图片处理

当按下"图片更新"按钮时,对图片进行剪裁并显示。

```
def pic_re():
        if (flag.get() == 0):
            pic_path = str(class_room_chosen.get()) + str(course_time_chosen.get()) + '.jpg'
            img = os.path.join(r'C:\Users\DELL\Desktop\TaiTouLv_Jiance\faces', pic_path) #
图片的命名需按规则来命名,具体规则可参考示例图片名称
            img_open = Image.open(img)
            # 显示图片的代码
```

```
        (x, y) = img_open.size  # 图片尺寸
        global x_s
        global y_s
        x_s = 200  # 定义标准宽度
        y_s = y * x_s // x  # 基于标准宽度计算高度
        img_adj = img_open.resize((x_s, y_s), Image.ANTIALIAS)
        global img_png  # 这里一定要设置为全局变量,不然图片无法正常显示
        img_png = ImageTk.PhotoImage(img_adj)
        Image2.configure(image = img_png)
    window.update_idletasks()
```

5.5　人脸检测算法实现

本系统采用的人脸检测算法为 MTCNN 算法。MTCNN 由三个网络组成,或者说训练过程有三步,其用途则是人脸检测和人脸关键点定位,并且是一个由粗到细定位的过程,先粗调找到目标,再微调以细致观察。

MTCNN 的训练流程大致如下:

(1) Image Pypamid。制作图像金字塔(将尺寸从大到小的图像堆叠在一起类似金字塔形状),对输入图像 resize 到不同尺寸,为输入网络作准备。

(2) Stage 1。将金字塔图像输入 P-Net(Proposal Network),获取含人脸的 Proposal boundding boxes,并通过非极大值抑制(NMS)算法去除冗余框,这样便初步得到一些人脸检测候选框。

(3) Stage 2。将 P-Net 输出得到的人脸图像输入 R-Net(Refinement Network),对人脸检测框坐标进行进一步的细化,通过 NMS 算法去除冗余框,此时得到的人脸检测框更加精准且冗余框更少。

(4) Stage 3。将 R-Net 输出得到的人脸图像输入 O-Net(Output Network),一方面对人脸检测框坐标进行进一步的细化,另一方面输出人脸 5 个关键点(左眼、右眼、鼻子、左嘴角、右嘴角)坐标。

5.5.1　P-Net

P-Net 包含若干个卷积层,P-Net 并没有全连接层。其作用主要是判断是否含人脸,并给出人脸框和关键点的位置,为 O-Net 提供人脸候选框。

P-Net 网络代码如下:

```
class PNet(nn.Module):
    def __init__(self):
        super(PNet, self).__init__()
        self.model_path,_ = os.path.split(os.path.realpath(__file__))
        self.features = nn.Sequential(OrderedDict([
```

```
            ('conv1', nn.Conv2d(3, 10, 3, 1)),
            ('prelu1', nn.PReLU(10)),
            ('pool1', nn.MaxPool2d(2, 2, ceil_mode = True)),
            ('conv2', nn.Conv2d(10, 16, 3, 1)),
            ('prelu2', nn.PReLU(16)),
            ('conv3', nn.Conv2d(16, 32, 3, 1)),
            ('prelu3', nn.PReLU(32))
        ]))
        self.conv4_1 = nn.Conv2d(32, 2, 1, 1)
        self.conv4_2 = nn.Conv2d(32, 4, 1, 1)
        weights = np.load(os.path.join(self.model_path, 'weights', 'pnet.npy'), allow_pickle =
True)[()]
        for n, p in self.named_parameters():
            p.data = torch.FloatTensor(weights[n])

    def forward(self, x):
        x = self.features(x)
        a = self.conv4_1(x)
        b = self.conv4_2(x)
        a = F.softmax(a, dim = 1)
        return b, a
```

上述代码中,激活函数为 PReLU(Parametric Rectified Linear Unit),其为 ReLU 的改进版,即带了参数的 ReLU,该参数 a 会随着数据变化,而当 a 为定值时,则变身为 Leaky ReLU。

5.5.2　R-Net

R-Net 网络结构与 P-Net 网络结构类似,也包含若干个卷积层,其相比于 P-Net 多了全连接层的结构,其作用是对 P-Net 输出的可能为人脸候选框图像进一步进行判定,同时细化人脸检测目标框精度。

R-Net 网络代码如下:

```
class RNet(nn.Module):
    def __init__(self):
        super(RNet, self).__init__()
        self.model_path, _ = os.path.split(os.path.realpath(__file__))
        self.features = nn.Sequential(OrderedDict([
            ('conv1', nn.Conv2d(3, 28, 3, 1)),
            ('prelu1', nn.PReLU(28)),
            ('pool1', nn.MaxPool2d(3, 2, ceil_mode = True)),
            ('conv2', nn.Conv2d(28, 48, 3, 1)),
            ('prelu2', nn.PReLU(48)),
```

```
                ('pool2', nn.MaxPool2d(3, 2, ceil_mode = True)),
                ('conv3', nn.Conv2d(48, 64, 2, 1)),
                ('prelu3', nn.PReLU(64)),
                ('flatten', Flatten()),
                ('conv4', nn.Linear(576, 128)),
                ('prelu4', nn.PReLU(128))
            ]))
        self.conv5_1 = nn.Linear(128, 2)
        self.conv5_2 = nn.Linear(128, 4)
        weights = np.load(os.path.join(self.model_path, 'weights', 'rnet.npy'), allow_pickle =
True)[()]
        for n, p in self.named_parameters():
            p.data = torch.FloatTensor(weights[n])


    def forward(self, x):
        x = self.features(x)
        a = self.conv5_1(x)
        b = self.conv5_2(x)
        a = F.softmax(a, dim = 1)
        return b, a
```

5.5.3　O-Net

O-Net 网络结构相比 R-Net 网络结构，多了一个卷积层，其作用是对 R-Net 输出可能为人脸的图像进一步进行判定，同时细化人脸检测目标框精度。

O-Net 网络代码如下：

```
class ONet(nn.Module):
    def __init__(self):
        super(ONet, self).__init__()
        self.model_path,_ = os.path.split(os.path.realpath(__file__))
        self.features = nn.Sequential(OrderedDict([
            ('conv1', nn.Conv2d(3, 32, 3, 1)),
            ('prelu1', nn.PReLU(32)),
            ('pool1', nn.MaxPool2d(3, 2, ceil_mode = True)),
            ('conv2', nn.Conv2d(32, 64, 3, 1)),
            ('prelu2', nn.PReLU(64)),
            ('pool2', nn.MaxPool2d(3, 2, ceil_mode = True)),
            ('conv3', nn.Conv2d(64, 64, 3, 1)),
            ('prelu3', nn.PReLU(64)),
            ('pool3', nn.MaxPool2d(2, 2, ceil_mode = True)),
            ('conv4', nn.Conv2d(64, 128, 2, 1)),
```

```
        ('prelu4', nn.PReLU(128)),
        ('flatten', Flatten()),
        ('conv5', nn.Linear(1152, 256)),
        ('drop5', nn.Dropout(0.25)),
        ('prelu5', nn.PReLU(256)),
    ]))
    self.conv6_1 = nn.Linear(256, 2)
    self.conv6_2 = nn.Linear(256, 4)
    self.conv6_3 = nn.Linear(256, 10)
    weights = np.load(os.path.join(self.model_path,'weights','onet.npy'), allow_pickle =
True)[()]

    for n, p in self.named_parameters():
        p.data = torch.FloatTensor(weights[n])


def forward(self, x):
    x = self.features(x)
    a = self.conv6_1(x)
    b = self.conv6_2(x)
    c = self.conv6_3(x)
    a = F.softmax(a, dim = 1)
    return c, b, a
```

5.6　性能评估和模型拓展

5.6.1　性能评估

本项目可以在用户选取查取的时间以及查取的教室后系统自动读取教室的监控图像,将之输入到训练好的模型中进行处理,以得出教室内的抬头率并从表格当中读取教室应到的总人数,两者相除即可计算出抬头率。

系统性能主要在于算法性能,模型训练的准确率越高,则系统对课堂教学情况图片中的人脸检测效果就越好,计算得到的抬头率数据就越准确。

5.6.2　模型拓展

本项目其实相当于只是对摄像头获取的某张图片的检测,如果能够实时根据视频,动态显示出来效果会更好。后续可在此方面进行改进。

抬头率检测—
讲解视频

思考题:

1. 对 MTCNN 模型性能进行测试,用于其他应用场景。

2. 对系统功能进行改进,同时检测学生人数,计算抬头率的同时计算到课率。

第6章

智能音乐播放系统

随着深度学习的快速发展,人工智能与其他领域的结合越来越广泛,由此碰撞出的创新点也越来越多,同时在工业场景下,各种新奇的产品也不断涌现,给人们带来了更智能化的体验。受此启发,本章将深度学习的网络模型应用到了音乐播放系统中,开发了一个音乐集成平台,致力于提升用户的使用体验。

智能音乐播放—课件

本章将介绍一个智能音乐播放系统,它集成了音乐的播放、搜索等功能,同时为了提高智能化体验,系统加入了两个智能化模块,分别是"手势识别"和"语音识别"。其中"手势识别"可以捕捉用户手势实现切换歌曲功能;"语音识别"可以通过用户语音的输入与识别来进行歌曲或歌手的检索。此外,为了实现一个良好的可视化操作界面,使用 PyQt5 将相关模块集成到一个 GUI 界面,以达到操作更便捷、更智能化的良好用户体验。

限于篇幅,本章主要涉及两部分内容,首先是系统中包含的深度学习知识,这部分将围绕"手势控制"和"语音识别"两个功能进行讲解,让大家对深度学习有大致的认识;其次是系统的可视化界面开发框架 PyQt5,这部分会以系统的界面为例,讲解该框架中基本组件的使用,可以帮助大家快速入门这一 GUI 界面开发框架。

6.1 项目分析和设计

6.1.1 需求分析

系统首先需要集成主流音乐平台的歌曲曲库,实现基本的音乐播放和检索等功能,这样才能为用户提供基本的音乐体验;其次也需要搭建一个简洁美观的平台界面,便于用户的操作,同时也方便集成不同的功能模块。对于深度学习的部分,首先是"手势识别"需要能够调用摄像头完成手势图像的获取,以及后台程序的识别;其次是"语音识别"需要调用麦克风获取语音输入,在后台程序识别出语音信号;最后通过得到的信号,进行相应的功能控制。

1. 功能需求

(1)搭建手势识别模型和语音识别模型,分别用于识别用户的手势和语音,以实现通过手势和语音进行系统的控制与输入。

（2）使用 PyQt5 搭建可视化的界面，实现一个简洁美观的平台界面。

（3）将各种功能与界面组件进行绑定，实现一个包含前端界面与后台功能模块的完整系统。

2. 性能需求

在深度学习部分，为了完成手势识别的功能，我们需要搭建深度学习模型，对获取到的图片进行特征提取和类别分类。这里设计了四种可识别手势："握拳""手势 OK""手势 1""手势 2"，分别对应"暂停""开始播放""播放上一首""播放下一首"这四个功能。为了完成语音识别，我们需要搭建基于"语言模型"+"声学模型"的语音识别模型。由于当前通用的中文普通话识别模型在训练集不够多、模型规模不够大的情况下，系统较难达到较好的识别准确率，因此在对语音识别模型进行性能调优时，我们主要通过生成常见歌手名、常见歌曲名的音频数据集，来对模型进行微调，从而让模型对这一类语音数据有较好的识别性能。

在可视化界面部分，我们需要掌握 PyQt5 基本组件的使用，以及组件的布局和组件的样式渲染等知识，从而搭建出一个简洁美观的系统界面，此外还需要完成界面与后端的交互。

6.1.2　系统设计

1. 系统结构图

如图 6-1 所示，系统结构主要包括音乐接口模块、日志模块、界面渲染模块、界面组件模块等。不同的模块负责完成不同的功能。例如，界面渲染模块完成对界面各个组件的渲染，日志模块完成系统日志的打印及保存等。核心是界面的组件，其他模块围绕界面组件进行功能的实现，主要包括对组件进行渲染，对本地数据库进行读取调用，系统日志的生成等。

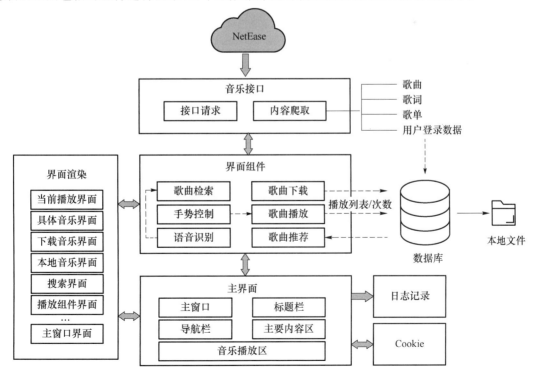

图 6-1　系统结构图

2. 界面设计

主界面如图 6-2 所示,主要包括几个不同分区,最上边是标题栏,包括软件的 logo、搜索输入框、语音识别按键、用户登录按键。左边是导航栏,我们可以在这里查找音乐,找到本地的音乐和下载的音乐等。中间是推荐的歌单信息,我们可以在这里发现不同类型、不同风格的歌单歌曲。最下边是音乐播放组件,包括播放上一首、下一首、暂停、开启摄像头等按键,以及播放进度条、音量调节进度条、歌词显示组件等。

界面的基本组件布局,如图 6-3 所示,包括歌曲检索、语音识别、音乐播放控件、手势识别部分、播放模式和桌面歌词显示等。

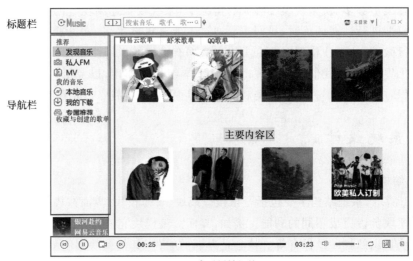

图 6-2　主界面图

图 6-3　界面的基本组件布局图

6.2　手势识别基础

为了让大家对深度学习有更进一步地理解,这里我们通过一个简单的图像分类任务——手势识别,来对深度学习的应用场景做一个介绍。

这里我们准备识别出 4 个手势,分别是"握拳""手势 OK""手势 1"和"手势 2"。实际上,也就是一个 4 分类的图像分类任务,以下是我们制作的手势识别数据集示例,如图 6-4 所示,分别对应"握拳""手势 OK""手势 1"和"手势 2"。

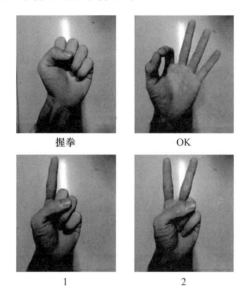

握拳　　　　　　　　　　OK

1　　　　　　　　　　2

图 6-4　数据集样例

1. 模型结构

这里我们选用卷积神经网络 CNN 的模型结构,为了提高模型的性能,我们选用预训练的 VGG 网络或者 ResNet 网络。其任务的基本过程是,将图片输入神经网络模型,先进行特征的提取,再经过全连接进行概率的预测。模型结构,如图 6-5 所示。

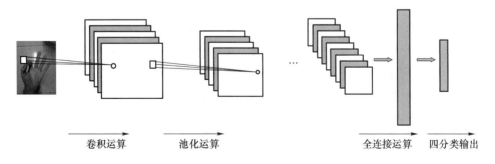

卷积运算　　　　池化运算　　　　……　　　　全连接运算　　四分类输出

图 6-5　模型结构

网络的输入的是经过预处理的手势图像,输出的是其识别结果。CNN 交替叠加了多个"卷积层"和"采样层"(池化层),对输入图像进行特征的提取,最后再接一个 MLP 实现与输出目标的映射。

卷积层和池化层在第 5.2.3 节已有介绍,此处不再赘述。在这里我们简单分析一下与卷积神经网络连接的 MLP 输入输出格式,以及它们的意义。从图 6-5 可以看到,数据在输入 MLP 之前,由原来的两个维度转成一维的特征向量,最后经过 MLP 得到一个 1×4 的预测值。4 对应于手势的种类,即"握拳""手势 OK""手势 1"和"手势 2"共 4 类,每个索引处的值对应于预测该类型的概率。例如,真实标签为"握拳"的图片,将其表示成 one-hot 向量 $[1, 0, 0, 0]$,即它为"握拳"的概率等于 1,为其他值的概率等于 0,那么模型的预测值可能是 $[0.8, 0.05, 0.05, 0.1]$,即预测它为"握拳"的概率为 0.8,预测它为"手势 OK"的概率为 0.05,预测它为"手势 1"的概率为 0.05,预测它为"手势 2"的概率为 0.1。

【例 6-1】 采用 RESNET 模型实现手势识别。

```
from torchvision import models
model_ft = models.resnet18(pretrained = False)      ♯使用 resnet18 卷积神经网络
num_ftrs = model_ft.fc.in_features
model_ft.fc = nn.Linear(num_ftrs,4)             ♯修改全连接层,输出对应于 4 个分类
```

2. 数据获取与预处理

首先是数据集的获取,数据集图片可以通过拍照的方式收集一定数量的图片。其次再通过数据增强的方法合成更多的训练数据。然后将所有的数据随机打乱,按照 6∶2∶2 的比例划分为训练集、验证集和测试集,数据随机打乱的目的是为了保证数据在训练集、验证集和测试集上分布一致。其中,训练集用于训练模型,验证集用于调整模型的超参数和对模型的拟合能力进行初步评估,测试集用于评估最终模型的泛化能力。

在将图片作为神经网络模型输入之前,为了去除手势图片当中的噪声,会加强图片中的有用信息,那就需要先对图片进行预处理。常见的预处理,包括 Resize、图像平滑、图像二值化。Resize 是将图片处理成相同的大小。手势识别最重要的信息是手的轮廓,因此可以使用图像平滑去掉图片中的噪声,突出轮廓信息。图像平滑的方法包括:均值滤波、中值滤波、高斯滤波和双边滤波等,这里我们可以使用高斯滤波。图像二值化,就是将图像上的像素点的灰度值设置为 0 或 255,也就是将整个图像呈现出明显的只有黑和白的视觉效果。如图 6-6 所示,是原图片与预处理后的图片。

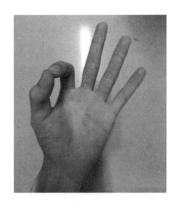

图 6-6　预处理图片

【例 6-2】　图片预处理的实现代码。

```
import cv2   as cv
import  numpy as np
image = cv.imread('./ok.jpg', cv.IMREAD_COLOR)
YCrCb = cv.cvtColor(image, cv.COLOR_BGR2YCrCb)
(Y, Cr, Cb) = cv.split(YCrCb)
GaussianBlur = cv.GaussianBlur(Cr, (5, 5), 0)
ret, threshold = cv.threshold(GaussianBlur, 0, 255, cv.THRESH_BINARY + cv.THRESH_OTSU)
cv.imwrite('./p_ok.jpg',threshold)
```

例 6-2 给出了图片处理的简单代码实例,大家可以根据实际图片采用滤波操作,或添加腐蚀操作、膨胀操作等,以达到更好的图片预处理效果。

3. 模型参数设置

手势识别是一个分类任务,损失函数可以选用交叉熵损失函数,交叉熵可以用于度量两个概率分布间的差异信息。此外,为了提高模型的泛化能力,避免过拟合,可以在模型中加入 L2 正则化和 dropout 技术。在训练过程中,还可以通过动态调整学习率的方法,以使模型达到更好的性能指标。

6.3　数据分析和处理

6.3.1　语音识别相关数据构建

语音识别模块使用了深度学习的方法进行实现,因此在序列编码、解码时,需要有相应的字典数据,此外模型的训练还需要有中文普通话的音频数据集。

1. 字典数据

字典数据是拼音发音到中文字符的映射字典,主要目的是在进行序列解码时,通过声学模型解码得到发音序列,然后语言模型再通过发音序列和相应的发音字典进行进一步的解码,从而最终完成由音频数据到中文汉字的解码。字典举例,如表 6-1 所示。

表 6-1　发音字典举例

发音	中文字符
qiao1	悄敲雀锹跷橇缲硗劁
qiao2	桥乔侨瞧翘蕉憔樵峤谯荞鞒
qiao3	悄巧雀愀
qiao4	翘俏窍壳峭撬鞘诮谯
qin1	亲钦侵衾
qin2	琴秦勤芹擒矜覃禽噙廑溱檎锓嗪芩螓

2. 模型训练数据集

在语音识别模型的训练数据上,我们主要考虑两类数据,一类是开源的中文普通话数据集,另一类是我们自己制作的音频数据。因为普通的中文语音识别模型在模型不够复杂、训练数据集针对性不强的情况下,较难取得很好的性能。因此,针对训练数据规模的问题,我们采用 THCHS-30 中文普通话数据集,该数据集是由清华大学开源的开放式中文语音数据集,总时长为 30 个小时。另外,针对音乐系统的应用场景,我们还制作了约 8000 条音频数据,该部分数据主要是将常使用的中文歌曲的歌曲名、华语歌手的歌手名制作成的音频数据。这部分数据主要是用于对语音识别模型进行微调,从而使得模型更好地适配我们在音乐的这一使用场景。

6.3.2 PyQt5 组件与后台数据交互

PyQt5 是基于图形程序框架 Qt5 的 Python 语言实现,由一组 Python 模块构成,有 620 多个类和 6000 个函数和方法。PyQt5 是一个跨平台的工具包,它可以运行在所有主要的操作系统,包括 UNIX,Windows,Mac OS。

PyQt5 具有几种特性,包括:基于高性能的 Qt 的 GUI 控件集;使用信号槽机制进行通信;对 Qt 库进行完全封装;提供一整套种类齐全的窗口控件。因此,在这里我们完全可以基于 PyQt5 为我们的系统设计一个功能齐全,界面漂亮、简洁的图形用户界面。

在图形界面中,我们需要进行组件与后台程序的程序绑定,以实现数据的交互。此处,我们以"手势识别"和"语音识别"这两个模块与界面组件的交互来进行简单分析。

1. 读取用户操作数据

读取用户操作数据主要体现在用户启动"手势识别"功能时。为获取这一信号,后台程序开始调用相关程序进行摄像头的使用,实时监控用户手势行为,并将得到的手势图片经过后台处理,识别出手势类型,从而进行相应的功能切换。"语音识别"功能类似。

读取用户操作数据是采用 PyQt5 组件实现的,例如读取用户启动"手势识别"功能的操作可以用按钮控件实现,如图 6-7 中所示的摄像机图标。

图 6-7　界面控制按钮

【例 6-3】　界面按钮实现代码。

```
self.camOffButton = QPushButton(self)
self.camOffButton.setObjectName("camOffButton")   #打开摄像头按键
self.camOffButton.clicked.connect(lambda: self.camOffEvent())   #绑定摄像头事件
self.camOnButton = QPushButton(self)
self.camOnButton.setObjectName("camOnButton")   #打开摄像头按键
self.camOnButton.clicked.connect(lambda: self.camOnEvent())   #绑定摄像头事件
self.camOffButton.hide()   #按键默认隐藏
```

2. 后台数据输出

在后台程序完成相应的计算后,需要将部分数据结果展现在界面上,同样的,也是通过合适的 PyQt5 组件完成。以"语音识别"模块举例,我们需要将识别出的中文汉字结果输出,在这里,我们采用 PyQt5 的单行文本框来完成结果显示,如图 6-8 所示。

图 6-8　结果输出文本框和麦克风启动按钮

在图 6-8 中,左侧文本框用于显示对应的输出结果,右侧为用于启动"语音识别"功能的按钮,示例程序如例 6-4 所示。

【例 6-4】　界面示例程序。

```
self.SpeechButton = QPushButton(self)
self.SpeechButton.setObjectName("SpeechButton")
self.searchLine = SearchLineEdit(self)
self.searchLine.setPlaceholderText("搜索音乐,歌手,歌词,用户")
```

其他的数据交互方式类似,我们不再逐一介绍。

6.4　项目实现

智能音乐播放—代码

6.4.1　手势识别模块设计

手势识别模块的主要功能是通过调用摄像头来获取用户手势,从而完成通过特定的手势进行系统控制的功能。此处,我们设置了 4 种特定的手势,手势"OK"对应"开始播放",手势"握拳"对应"暂停播放",手势"1"对应"播放上一首",手势"2"对应"播放下一首"。考虑到该任务比较简单,我们直接调用百度开源的手势识别 API 完成该功能的实现。实际上,该模块是一个简单的图片分类任务,类似于我们之前提到的"CNN＋MLP 手势识别",大家可以参考采用"CNN＋MLP"的模型结构,用神经网络模型的方法实现这一功能。

1. 调用百度开源手势识别 API

```
def test(self):  #调用百度手势识别 api
    APP_ID = '*******'  #用户 id
    API_KEY = '************'  #密匙
    SECRET_KEY = '*************'  #密匙
    self.gesture_client = AipBodyAnalysis(APP_ID, API_KEY, SECRET_KEY)
#账号和密匙,需要到百度 API 官网下申请
```

2. 摄像头的调用与关闭

```python
def camera(self): # 开启摄像头监控
    while True:
        while controlVariable.cameraOn:
            ret, frame = self.capture.read()
            # print("ret",ret)
            # cv2.imshow(窗口名称，窗口显示的图像)
            if ret:
                cv2.imshow('frame', frame)
            cv2.waitKey(1)
            time.sleep(0.1)
        if cv2.waitKey(1) == ord('q'):
            break

        time.sleep(1)

def slot(self): # 释放 self.capture,关闭摄像头窗口
    print("信号")
    self.capture.release()
    cv2.destroyAllWindows()

def setCap(self):
    self.capture = cv2.VideoCapture(0, cv2.CAP_DSHOW)
```

3. 识别摄像头读取到的手势,返回识别信号

```python
def gesture_recognition(self):    # 获取识别结果
    if self.capture.isOpened():
        ret, frame = self.capture.read()

        image = cv2.imencode(".png", frame)[1].tobytes()
        result = self.gesture_client.gesture(image)
        gesture = None
        if result:
            try:
                gesture = result['result'][0]['classname']
            except:
                print(result)
        else:
            gesture = None
    else:
        gesture = None
    return gesture
```

4. 完成手势信号的传递,设置提示音

```
def star(self):

    while True:
        cv2.waitKey(1)
        while controlVariable.cameraOn == True:
            time.sleep(1)
            mygesture = self.gesture_recognition()
            if mygesture in self.gesture_contrast:
                print(self.gesture_contrast[mygesture])
                text = self.gesture_contrast[mygesture]
                self.gestureInput.emit(text)
            else:
                text = "无效手势,请将手势对准摄像头"
            if mygesture:
                """
                self.textTosound(text)
                if os.path.exists('./Sound.mp3'):
                    playsound('./Sound.mp3')
                """
                if text == "无效手势,请将手势对准摄像头":
                    playsound('./sound/invalid.mp3')
                elif text == "暂停":
                    playsound('./sound/stop.mp3')
                elif text == "播放上一首":
                    playsound('./sound/previous.mp3')
                elif text == "播放下一首":
                    playsound('./sound/next.mp3')
                elif text == "开始播放":
                    playsound('./sound/play.mp3')
                elif text == "增加音量":
                    playsound('./sound/up.mp3')
                elif text == "降低音量":
                    playsound('./sound/down.mp3')
                else:
                    playsound('./sound/invalid.mp3')
            time.sleep(1.5)
            cv2.waitKey(1)
            """
            if os.path.exists('./Sound.mp3'):  # 如果文件存在
                os.remove('./Sound.mp3')
            """
        time.sleep(2)
```

6.4.2 语音识别模块设计

语音识别模块采用深度学习的方法进行实现,基本的模型结构为:声学模型＋语言模型。其中声学模型主要用于处理音频波形信息,生成音频相对应的中文拼音;语言模型主要是完成自然语言的建模,将音频信息和对应的拼音转化为汉字。在传统的语音识别过程中,声学模型的输出单元一般是音素或者音素的状态,而语言模型一般是词级别的语言模型,在预测语音的识别结果时对二者进行联合解码。

整体的模型设计,如图 6-9 所示,限于篇幅,此处我们仅介绍声学模型。

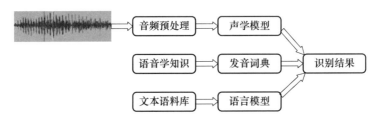

图 6-9 模型结构

声学模型的设计采用 CNN＋CTC 的模型结构。其中 CNN 为 5 层卷积层的卷积神经网络,卷积核大小为 3×3,负责特征提取,CTC 主要用于对 CNN 输出的不定长序列进行解码。

声学模型代码如下:

```
def CreateModel(self):
  '''
  定义 CNN/LSTM/CTC 模型,使用函数式模型
  输入层:200 维的特征值序列,一条语音数据的最大长度设为 1600(大约 16s)
  隐藏层:卷积池化层,卷积核大小为 3×3,池化窗口大小为 2
  隐藏层:全连接层
  输出层:全连接层,神经元数量为 self.MS_OUTPUT_SIZE,使用 softmax 作为激活函数
  CTC 层:使用 CTC 的 loss 作为损失函数,实现连接性时序多输出

  '''
  ＃每一帧使用 13 维 mfcc 特征及其 13 维一阶差分和 13 维二阶差分表示,最大信号序列长度为 1500
  input_data = Input(name = 'the_input', s  hape = (self.AUDIO_LENGTH, self.AUDIO_FEATURE_
LENGTH, 1))


  layer_h1 = Conv2D(32, (3,3), use_bias = True, activation = 'relu', padding = 'same',
  kernel_initializer = 'he_normal')(input_data) ＃卷积层
  layer_h1 = Dropout(0.1)(layer_h1)
  layer_h2 = Conv2D(32, (3,3), use_bias = True, activation = 'relu', padding = 'same',
  kernel_initializer = 'he_normal')(layer_h1) ＃卷积层
  layer_h3 = MaxPooling2D(pool_size = 2, strides = None, padding = "valid")(layer_h2) ＃池化层
```

```
# layer_h3 = Dropout(0.2)(layer_h2) # 随机中断部分神经网络连接,防止过拟合
layer_h3 = Dropout(0.2)(layer_h3)
layer_h4 = Conv2D(64, (3,3), use_bias = True, activation ='relu', padding ='same',
kernel_initializer ='he_normal')(layer_h3) # 卷积层
layer_h4 = Dropout(0.2)(layer_h4)
layer_h5 = Conv2D(64, (3,3), use_bias = True, activation ='relu', padding ='same',
kernel_initializer ='he_normal')(layer_h4) # 卷积层
layer_h6 = MaxPooling2D(pool_size = 2, strides = None, padding = "valid")(layer_h5) # 池化层

layer_h6 = Dropout(0.3)(layer_h6)
layer_h7 = Conv2D(128, (3,3), use_bias = True, activation ='relu', padding ='same',
kernel_initializer ='he_normal')(layer_h6) # 卷积层
layer_h7 = Dropout(0.3)(layer_h7)
layer_h8 = Conv2D(128, (3,3), use_bias = True, activation ='relu', padding ='same',
kernel_initializer ='he_normal')(layer_h7) # 卷积层
layer_h9 = MaxPooling2D(pool_size = 2, strides = None, padding = "valid")(layer_h8) # 池化层

layer_h10 = Reshape((200, 3200))(layer_h9) # Reshape 层
# layer_h5 = LSTM(256, activation ='relu', use_bias = True, return_sequences = True)(layer_
h4) # LSTM 层
# layer_h6 = Dropout(0.2)(layer_h5) # 随机中断部分神经网络连接,防止过拟合
layer_h10 = Dropout(0.4)(layer_h10)
layer_h11 = Dense(128, activation = "relu", use_bias = True,
kernel_initializer ='he_normal')(layer_h10) # 全连接层
layer_h11 = Dropout(0.4)(layer_h11)
layer_h12 = Dense(self.MS_OUTPUT_SIZE, use_bias = True,
kernel_initializer ='he_normal')(layer_h11) # 全连接层

y_pred = Activation('softmax', name ='Activation0')(layer_h12)
model_data = Model(inputs = input_data, outputs = y_pred)
# model_data.summary()

labels = Input(name ='the_labels', shape = [self.label_max_string_length], dtype ='float32')
input_length = Input(name ='input_length', shape = [1], dtype ='int64')
label_length = Input(name ='label_length', shape = [1], dtype ='int64')
# Keras doesn't currently support loss funcs with extra parameters # Keras 不支持带额外参数的
损失函数
# so CTC loss is implemented in a lambda layer # 因此 CTC 损失要采用 lambda 层实现

# layer_out = Lambda(ctc_lambda_func, output_shape = (self.MS_OUTPUT_SIZE, ),
name ='ctc')([y_pred, labels, input_length, label_length]) # (layer_h6) # CTC
loss_out = Lambda(self.ctc_lambda_func, output_shape = (1,), name ='ctc')([y_pred, labels,
input_length, label_length])
```

```
model = Model(inputs = [input_data, labels, input_length, label_length], outputs = loss_out)
# model.summary()
ada_d = Adadelta(lr = 0.01, rho = 0.95, epsilon = 1e-06)
model.compile(loss = {'ctc': lambda y_true, y_pred: y_pred}, optimizer = ada_d)
test_func = K.function([input_data], [y_pred])
print('[ * 提示] 创建模型成功,模型编译成功')
return model, model_data
```

6.4.3　PyQt5 界面设计

在这一部分将会简单介绍 PyQt5 界面的实现,由于代码量较大,因此只挑选一部分进行讲解。

1. 按键设置

如图 6-10 所示,它是主界面下的一部分,可以看到上面包含了多个按键控件,还有进度条控件、标签控件,此外部分的按键控件其实还设置了组件的鼠标悬停效果和浮动信息提示。

图 6-10　按键设置

具体的实现如下:

```
def setButtons(self):
    """设置所有的按钮组件,包括前/后一首,暂停/播放等。"""
    self.previousButton = QPushButton(self)
    self.previousButton.setObjectName("previousButton")
    self.previousButton.clicked.connect(self.previousSing)
    self.playButton = QPushButton(self)
    self.playButton.setObjectName("playButton")
    self.playButton.clicked.connect(lambda: self.playEvent(self.player))
    self.pauseButton = QPushButton(self)
    self.pauseButton.setObjectName("pauseButton")
    self.pauseButton.clicked.connect(lambda: self.pauseEvent(self.player))
    # 默认 hide
    self.pauseButton.hide()
    self.nextButton = QPushButton(self)
    self.nextButton.setObjectName("nextButton")
    self.nextButton.clicked.connect(self.nextSing)
    self.camOffButton = QPushButton(self)
    self.camOffButton.setObjectName("camOffButton") # 打开摄像头按键
    self.camOffButton.clicked.connect(lambda: self.camOffEvent()) # 绑定摄像头事件
    self.camOnButton = QPushButton(self)
    self.camOnButton.setObjectName("camOnButton")   # 打开摄像头按键
```

```
self.camOnButton.clicked.connect(lambda: self.camOnEvent())  #绑定摄像头事件
self.camOffButton.hide()   #按键默认隐藏
self.volume = QPushButton(self)
self.volume.setObjectName("volume")
self.volume.clicked.connect(self.volumeEvent)
self.noVolume = QPushButton(self)
self.noVolume.setObjectName("no_volume")
self.noVolume.hide()
self.noVolume.clicked.connect(self.noVolumeEvent)
self.single = QPushButton(self)
self.single.setObjectName("single")
self.single.hide()
self.single.setToolTip("单曲循环")
self.single.clicked.connect(self.singleEvent)
self.repeat = QPushButton(self)
self.repeat.setObjectName("repeat")
self.repeat.setToolTip("列表循环")
self.repeat.clicked.connect(self.repeatEvent)
self.shuffle = QPushButton(self)
self.shuffle.setObjectName("shuffle")
self.shuffle.hide()
self.shuffle.setToolTip("随机播放")
self.shuffle.clicked.connect(self.shuffleEvent)
self.lyricButton = QPushButton(self)
self.lyricButton.setText("词")
self.lyricButton.setToolTip("打开歌词")
self.lyricButton.setObjectName("lyricButton")
self.lyricButton.clicked.connect(self.lyricEvent)
self.playlist = QPushButton(self)
self.playlist.setObjectName("playlist")
self.playlist.clicked.connect(self.playlistEvent)
```

以上是控件的定义以及按键的事件函数绑定等,为了让控件在界面上有合理的位置布局,还要设置它们的布局,程序如下:

```
def setLayouts(self):
    """设置布局。"""
    self.mainLayout = QHBoxLayout()
    self.mainLayout.addWidget(self.previousButton)
    self.mainLayout.addWidget(self.playButton)
    self.mainLayout.addWidget(self.pauseButton)
    self.mainLayout.addStretch(1)
    self.mainLayout.addWidget(self.camOffButton)
```

```
self.mainLayout.addStretch(1)
self.mainLayout.addWidget(self.camOnButton)
self.mainLayout.addWidget(self.nextButton)
self.mainLayout.addWidget(self.currentTime)
self.mainLayout.addWidget(self.slider)
self.mainLayout.addWidget(self.countTime)
self.mainLayout.addWidget(self.volume)
self.mainLayout.addWidget(self.noVolume)
self.mainLayout.addWidget(self.volumeSlider)
self.mainLayout.addSpacing(10)
self.mainLayout.addWidget(self.single)
self.mainLayout.addWidget(self.repeat)
self.mainLayout.addWidget(self.shuffle)
self.mainLayout.addSpacing(10)
self.mainLayout.addWidget(self.lyricButton)
self.mainLayout.addSpacing(10)
self.mainLayout.addWidget(self.playlist)
self.mainLayout.addStretch(1)
self.mainLayout.setContentsMargins(0, 0, 0, 0)
self.setLayout(self.mainLayout)
```

2. 导航栏设计

如图 6-11 所示,导航栏中需要设计标签控件,还需要进行布局设计、样式设计以及对应的事件函数绑定等。

图 6-11　导航栏设计

```
# 左侧的导航栏,包括发现音乐/歌单/本地音乐
class Navigation(QScrollArea):
    def __init__(self, parent = None):
```

```python
        """"包括发现音乐,MV,我的音乐,歌单等导航信息。"""
        super(Navigation, self).__init__(parent)
        self.parent = parent
        self.frame = QFrame()
        self.setMaximumWidth(200)

        self.setWidget(self.frame)
        self.setWidgetResizable(True)
        self.frame.setMinimumWidth(200)

        # 定义 3 个事件函数,方便扩展
        self.navigationListFunction = self.none
        self.nativeListFunction = self.none
        self.singsFunction = self.none

        with open('QSS/navigation.qss', 'r') as f:
            style = f.read()
            self.setStyleSheet(style)
            self.frame.setStyleSheet(style)

        # 包括显示信息：推荐我的音乐歌单
        self.setLabels()
        # 包括详细的内容：发现音乐,如 FM,MV 等
        self.setListViews()
        self.setLayouts()

    # 布局
    def setLabels(self):
        """定义所有的标签。"""
        self.recommendLabel = QLabel(" 推荐")
        self.recommendLabel.setObjectName("recommendLabel")
        self.recommendLabel.setMaximumHeight(27)

        self.myMusic = QLabel(" 我的音乐")
        self.myMusic.setObjectName("myMusic")
        self.myMusic.setMaximumHeight(27)
        # self.myMusic.setMaximumHeight(54)

        self.singsListLabel = QLabel(" 收藏与创建的歌单")
        self.singsListLabel.setObjectName("singsListLabel")
        self.singsListLabel.setMaximumHeight(27)

    def setListViews(self):
```

```
        """定义承载功能的 ListView"""
        self.navigationList = QListWidget()
        self.navigationList.setMaximumHeight(110)
        self.navigationList.setObjectName("navigationList")
        self.navigationList.addItem(QListWidgetItem(QIcon('resource/music.png'), "发现音
乐"))
        self.navigationList.addItem(QListWidgetItem(QIcon('resource/signal.png'), "私人FM"))
        self.navigationList.addItem(QListWidgetItem(QIcon('resource/movie.png'), "MV"))
        self.navigationList.setCurrentRow(0)

        self.nativeList = QListWidget()
        self.nativeList.setObjectName("nativeList")
        self.nativeList.setMaximumHeight(100)
        self.nativeList.addItem(QListWidgetItem(QIcon('resource/notes.png'),"本地音乐"))
        self.nativeList.addItem(QListWidgetItem(QIcon('resource/download_icon.png'), "我的下
载"))
        self.nativeList.addItem(QListWidgetItem(QIcon('resource/recommend_icon.png'), "专属
推荐"))

    def setLayouts(self):
        """定义布局。"""
        self.mainLayout = VBoxLayout(self.frame)
        self.mainLayout.addSpacing(10)
        self.mainLayout.addWidget(self.recommendLabel)
        self.mainLayout.addSpacing(3)
        self.mainLayout.addWidget(self.navigationList)
        self.mainLayout.addSpacing(1)
        self.mainLayout.addWidget(self.myMusic)
        self.mainLayout.addSpacing(3)
        self.mainLayout.addWidget(self.nativeList)
        self.mainLayout.addSpacing(1)
        self.mainLayout.addWidget(self.singsListLabel)
        self.mainLayout.addSpacing(1)
        self.mainLayout.addStretch(1)
        self.setContentsMargins(0, 0, 0, 0)
```

智能音乐播放—视频1

6.5 性能评估和模型拓展

本项目将深度学习知识应用到音乐播放系统,在完成基本的音乐播放和检索功能的同时,加入了智能控制,实现了便捷化、智能化的操作,此外还基于 PyQt5 搭建了良好的图形用户交互界面。整个项目算是人工智能的一个简单创新和实际应用,在性能上较好地实现了各个功

能模块的协调运作。"语音识别"和"手势识别"两个深度学习模块也实现了识别结果良好,耗时少,实时性好的效果。

　　未来的拓展方向主要在于两个方面:一是在整个项目中继续加入更多的功能模块,从而继续丰富系统的功能,实现更多样化、更具有创新性的应用;二是当下的"语音识别"模块更多的是针对常见歌曲名、歌手名的语音识别,其他类型数据的识别结果一般,后续可以对该模块继续进行优化。

思考题:

1. 采用 LeNet5 实现手势识别。
2. 编写爬虫程序爬取音乐数据集。

智能音乐播
放—视频 2

第7章
智能证件照生成系统

随着我国现代化及国际化进展，人们在外出办理业务的时候所需要的材料也逐渐多样化，其中证件照成为必不可少的材料之一，证件照需要的尺寸、背景颜色也是多种多样。

证件照生成—课件

本章将通过 U2-Net 模型＋Flask＋PyQt5 搭建一个全栈的智能证件照生成系统，以满足用户足不出户便可生成各种尺寸和背景颜色证件照的需求。图像分割是图像分析处理中的一个主要研究方向，它的应用领域有很多，本章只是应用它解决日常生活中的一个小需求，如若读者在其他应用场景有类似的需求，可以参考本章的设计思路，继续完成自己的想法。

7.1 基础知识补充

7.1.1 计算机视觉

计算机视觉是一门研究如何使机器"看"的科学，更进一步地说，它是指用摄影机和电脑代替人眼对目标进行识别、跟踪和测量而成为机器视觉，再对图像进行处理，使之处理成为更适合人眼观察或传送给仪器检测的图像。作为一门科学学科，计算机视觉其实也是在研究相关的理论和技术，如试图建立能够从图像或者多维数据中获取"信息"的人工智能系统。这里所指的信息是指由香农定义的，可以用来帮助我们做一个"决定"的信息。因为感知可以看作是从感官信号中提取信息，所以计算机视觉也可以看作是研究如何使人工系统从图像或多维数据中"感知"的科学。

有不少学科的研究目标与计算机视觉相近或与此有关，包括图像处理、模式识别或图像识别、景物分析、图像理解等。计算机视觉除了包括图像处理和模式识别之外，它还包括空间形状的描述，如几何建模以及认识过程。实现图像理解是计算机视觉的终极目标。

（1）图像处理

图像处理技术能将输入图像转换成用户所希望特性的另一幅图像。例如，可通过处理，使输出图像有较高的信噪比；或通过增强处理，突出图像的细节，以便于操作员的检验。在计算机视觉研究中，我们经常利用图像处理技术进行预处理和特征抽取。

（2）模式识别

模式识别技术是根据图像抽取的统计特性或结构信息，把图像分成给定的类别。例如，文字识别或指纹识别。在计算机视觉中，模式识别技术经常用于对图像中的某些部分进行处理，例如，分割区域的识别和分类。

（3）图像理解

给定一幅图像，图像理解程序不仅可以描述图像本身，而且可以描述和解释图像所代表的景物，以便于对图像代表的内容做出决定。在人工智能视觉研究的初期，经常使用景物分析这个术语，以强调二维图像与三维景物之间的区别。图像理解除了需要复杂的图像处理以外，还需要具有关于景物成像的物理规律的知识以及与景物内容有关的知识。

在建立计算机视觉系统时需要用到上述学科中的相关技术，但计算机视觉研究的内容要比这些学科更为广泛。计算机视觉的研究与人类视觉的研究密切相关。为实现建立与人的视觉系统相类似的通用计算机视觉系统的目标，还需要建立人类视觉的计算机理论。

7.1.2 图像分割

图像分割就是把图像分成若干个特定的、具有独特性质的区域并提出感兴趣目标的技术和过程。它是由图像处理到图像分析的关键步骤。现有的图像分割方法主要分为以下几类：基于阈值的分割方法、基于区域的分割方法、基于边缘的分割方法以及基于特定理论的分割方法等。从数学角度来看，图像分割是将数字图像划分成互不相交的区域的过程。图像分割的过程也是一个标记的过程，即把属于同一区域的像素赋予相同的编号。对于只有一个标签的（只区分类别）的任务，我们称为语义分割（Semantic Segmentation）；对于区分相同类别的不同个体的，则称为实例分割（Instance Segmentation）。由于实例分割往往只能分辨可数目标，因此，为了同时实现实例分割与不可数类别的语义分割，2018 年 Alexander Kirillov 等人提出了全景分割（Panoptic Segmentation）。

（1）语义分割是将图像中每个像素分别赋予一个类别标签，比如汽车、人、建筑、地面、天空、树等。如图 7-1 所示，把图像分为人（红色）、树木（深绿）、汽车（蓝色）、天空（浅蓝）等标签，用不同的颜色来表示。

图 7-1 的彩图

图 7-1 语义分割

（2）实例分割是目标检测和语义分割的结合。在图像中，将目标检测出来（目标检测），然后对每个像素打上标签（语义分割）。对比图 7-1、图 7-2，如以人（Person）为目标，如果是语义分割则不区分属于相同类别的不同实例（所有人都标为红色），但是实例分割就会区分同类的不同实例（使用不同颜色区分不同的人）。

图 7-2 的彩图

图 7-2　实例分割

（3）全景分割是语义分割和实例分割的结合，对图像中所有物体和背景都要进行检测和分割。也就是不仅要对感兴趣的目标区域进行分割，而且也要对背景区域进行分割。背景区域的分割属于语义分割，而物体的分割属于实例分割。与语义分割相比，全景分割的困难在于要优化全连接网络的设计，使其网络结构能够区分不同类别的实例；与实例分割相比，由于全景分割要求每个像素只能有一个类别和 ID 标注，因此不能出现实例分割中的重叠现象。

如图 7-3 所示，把图像的目标和背景都分成了不同的颜色。

图 7-3 的彩图

图 7-3　全景分割

7.1.3　PyQt5

Qt 是一个 1991 年由 Qt Company 开发的跨平台的 C++图形用户界面的应用程序开发框架。它既可以开发 GUI 程序，也可用于开发非 GUI 程序，比如控制台工具和服务器。Qt 是面向对象的框架，它使用特殊的代码生成扩展以及一些宏，它很容易扩展，并且允许真正地进行组件编程。本项目使用到的 PyQt5 是基于图形程序框架 Qt5 的 Python 语言实现，由一组 Python 模块构成。PyQt5 包括的主要模块，如表 7-1 所示。

表 7-1　PyQt 模块展示

QtCore	涵盖了包的核心的非 GUI 功能，此模块被用于处理程序中涉及的时间、文件、目录、数据类型、文本流、链接、QMimeData、线程或进程等对象

续　表

QtGui	包含了多种基本图形功能的类,包括但不限于:窗口集、事件处理、2D 图形、基本的图像和界面、字体和文本类
QtMultimedi	包含了一整套 UI 元素控件,用于建立符合系统风格的 Classic 界面,非常方便,可以在安装时选择是否使用此功能
QtWidgets	包含了一整套 UI 元素控件,用于建立符合系统风格的 Classic 界面,非常方便,可以在安装时选择是否使用此功能
QtMultimedia	包含了一套类库,用于处理多媒体事件,通过调用 API 接口访问摄像头、语音设备、收发消息(Radio Functionality)等
QtBluetoot	包含了处理蓝牙活动的类库,其功能包括:扫描设备、连接、交互等行为
QtNetwork	包含了用于进行网络编程的类库,通过提供便捷的 TCP/IP 及 UDP 的 C/S 代码集合,使得基于 Qt 的网络编程更容易

【例 7-1】　通过一个简单的登录界面 demo,如图 7-4 所示,来讲解下 PyQt5 的实现流程。

图 7-4　登录界面 demo

```
from PyQt5.QtGui import QPixmap,QWidget
import sys

class MainForm(QWidget);
    def __init__(self, name = 'MainForm'):
        super(MainForm,self).__init__()
        self.setWindowTitle(name)
        self.cwd = os.getcwd()# 获取当前程序文件位置
        self.setFixedSize(570,550)# 设置窗体大小
        self.setStyleSheet("background-color:white")
        pix = QPixmap('src\login.PNG')
        admin_logo = QPixmap('src\\admin.png')
```

```
        admin_logo = admin_logo.scaled(70,70)
        password_logo = QPixmap('src\pswd.png')
        password_logo = password_logo.scaled(70, 70)
            self.account_input = QLineEdit(self)
        self.account_input.setGeometry(QtCore.QRect(170, 150, 300, 60))
        font = QtGui.QFont()
        font.setFamily("AcadEref")
        font.setPointSize(20)
        self.account_input.setFont(font)
        self.account_input.setStyleSheet("border-width:0;border-style:outset")
        self.account_input.setObjectName("account_input")

        self.passwd_input = QLineEdit(self)
        self.passwd_input.setGeometry(QtCore.QRect(170, 250, 300, 60))
        font = QtGui.QFont()
        font.setFamily("AcadEref")
        font.setPointSize(20)
        self.passwd_input.setFont(font)
        self.passwd_input.setObjectName("passwd_input")
        self.passwd_input.setStyleSheet("border-width:0;border-style:outset")
        self.passwd_input.setEchoMode(QLineEdit.Password)

        self.login = QPushButton(self)
        self.login.setGeometry(QtCore.QRect(130, 380, 300, 60))
        font = QtGui.QFont()
        font.setFamily("宋体")
        font.setPointSize(15)
        self.login.setFont(font)
        self.login.setObjectName("login_btn")
        self.login.setStyleSheet("background-color:#419BF9;color:white")
        self.login.setText("登录")

        self.login.clicked.connect(self.check)#绑定登录按钮触发事件

def check(self):
        login_user = self.account_input.text()
        login_password = self.passwd_input.text()
        if login_user == 'user' and login_password == '123456':
            #检测输入账号和密码,进行下一步骤

        else:
            QMessageBox.warning(self,
                            "警告",
```

```
                                    "用户名或密码错误!",
                                    QMessageBox.Yes)
            self.passwd_input.setText("")
            self.passwd_input.setFocus()

if __name__ == '__main__':
    app = QApplication(sys.argv)
    mainForm = MainForm('LoginTest')
    mainForm.show()
    sys.exit(app.exec_())
```

声明一个继承于 QWidget 的 MainForm 类,并定义它的初始化方法。在初始化方法里面首先分别设置了:窗口名称、窗口大小和窗口样式,然后调用 QPixmap,QLabel,QLineEdit,QPushButton 等组件来实现图片、标签、输入框、按钮的功能,并定位它们的大小于位置,PyQt5 默认的坐标零点是从左上角开始。

在组件生成后给登录按钮绑定 click 方法,当用户点击这个按钮时,click 方法绑定的 check 函数会检测输入框的用户名和密码,如若正确执行后续操作,若不正确则弹出警示框重新输入账号密码,这样就完成了整个 MainForm 类的搭建。

后续如果想使用这个类,直接将其实例化后调用 show 函数即可。

7.1.4　Flask

关于 Flask 的基本知识请参考例 4-3,但是仅仅依靠那样一个简单的例子并不能实现项目想要的效果,这里我们选取部分项目的源码来讲解完成一个项目需要的方法。

【例 7-2】　一个 Flask 的使用实例。

```
# 添加路由
@app.route('/upload', methods=['POST', 'GET'])
def upload():
    # 通过 file 标签获取文件
    f = request.files['file']
    if not (f and allowed_file(f.filename)):
        return jsonify({"error": 1001, "msg": "图片类型:png、PNG、jpg、JPG、bmp"})
    # 当前文件所在路径
    basepath = os.path.dirname(__file__)
    print(basepath)
    # 一定要先创建该文件夹,不然会提示没有该路径
    upload_path = os.path.join(basepath,'static\images', secure_filename(f.filename))
    print(upload_path)
    # 保存文件
    f.save(upload_path)
```

代码中添加了一个/upload 路径,它可以接受 GET 或者 POST 方法,这个路由实现的功

能是将用户上传过来的图片保存到 static\images 下,用来进行后续的图像处理的工作。

7.1.5　HTTP 协议

关于 HTTP 协议在 4.2.3 节中有所介绍,本项目使用 HTTP 协议中的 post 方法,将用户上传的照片提交到服务器进行处理。

【例 7-3】　通过 Python 的 requests 库实现上传。

```
import requests

url ='https://deepart.io/image/upload/content'
headers = {
    'User-Agent':'Chrome/71.0.3578.98 Safari/537.36'}
files = {
    'image':('123.jpg',open('F:\\图片\\123.jpg','rb'),'image/jpeg') # image 或者 file
    }
r = requests.post(url = url, headers = headers, files = files)
r.raise_for_status()
print(r.text)
print(r.status_code)
```

观察代码可以看出,requests 库的 post 方法需要 3 个参数:url 地址、headers 请求头和 files 文件。post 的返回值是一个对象,我们可以通过查看它的状态码来判断返回是否成功。常见的状态码,如表 7-2 所示。

表 7-2　HTTP 返回状态码

100	这个状态码是告诉客户端应该继续发送请求,这个临时响应是用来通知客户端的,部分的请求服务器已经接受,但是客户端应继续发送请求的剩余部分,如果请求已经完成,就忽略这个响应,而且服务器会在请求完成后向客户发送一个最终的结果
200	这个是最常见的 HTTP 状态码,表示服务器已经成功接受请求,并将返回客户端所请求的最终结果
202	表示服务器已经接受了请求,但是还没有处理,而且这个请求最终会不会处理还不确定
301	客户端请求的网页已经永久移动到新的位置,当链接发生变化时,返回 301 代码告诉客户端链接的变化,客户端保存新的链接,并向新的链接发出请求,已返回请求结果
404	请求失败,客户端请求的资源没有找到或者是不存在
500	服务器遇到未知的错误,导致无法完成客户端当前的请求

7.2　项目分析和设计

7.2.1　需求分析

用户选择一张自己的生活照片,再选定好需要的尺寸和颜色,系统自动生成照片后可保存下来,供用户预览和下载。支持的图片类型有 png,jpg,bmp,等。

由于模型的复杂性,系统架构需要后台提供服务,前端提供用户界面,所以需要采用 B/S 架构或者 C/S 架构来实现。

7.2.2　系统设计

1. 人像分割模块设计

第一次将深度学习用于图像分割的是全卷积网络(FCN)。由于用 CNN,所以最后提取的特征的尺度是变小的。为了让 CNN 提取出来的尺度能达到原图大小,FCN 网络利用上采样和反卷积达到原图像大小。再将预测结果和 ground truth 每个像素一一对应分类,做像素级别的分类。也就是说,将分割问题变成分类问题,而分类问题正好是深度学习的强项。由于网络中只有卷积没有全连接层,所以这个网络又称为全卷积网络。FCN 的优点是可以实现端到端分割,缺点是分割结果细节不够好。

U2-Net 是基于 FCN 做出改进的,采用了跨越连接的思想,将浅层网络中的输出与深层网络的输出合并在一起,不同于 FCN 的上采样,它有效地避免了 FCN 中语义信息和分割细节此消彼长的情况发生。网络结构形似字母 U,其实也是卷积神经网络的一种变形。整个神经网络主要由两部分组成:收缩路径和扩展路径。收缩路径主要用来捕捉图像的上下文信息,对应编码器(Encoder);扩展路径则是为了对图片中需要分割出来的部分进行精准定位,对应解码器(Decoder)。

U2-Net 对 U-Net 进行了改进,利用来自残差 U 型模块(RSU)的不同尺度和不同感受野的混合,能够捕捉来自更多的不同尺度的上下文信息,在不增加计算复杂度的基础上,可以提升整个模型架构的深度。U2-Net 是一个两级的嵌套 U 型结构:高层利用类似 U2-Net 的网络结构;底层利用 RSU,在网络层数加深的情况下依然维持较高的分辨率。

本项目的人像分割采用 U2-Net,如图 7-5 所示。经过测试,U2-Net 对于分割物体的前背景有很好的效果,同时具有较好的实时性。

每个 RSU 本身就是一个小号的 U-Net,对比残差网络的残差块结构,如图 7-6 所示。

下面是 U2-Net 模型 PyTorch 实现的核心代码部分。具体实现请看源码 u2net.py 文件。

```
class U2NET(nn.Module):
    def __init__(self,in_ch = 3,out_ch = 1):
        super(U2NET,self).__init__()
        self.stage1 = RSU7(in_ch,32,64)
        self.pool12 = nn.MaxPool2d(2,stride = 2,ceil_mode = True)
        self.stage2 = RSU6(64,32,128)
        self.pool23 = nn.MaxPool2d(2,stride = 2,ceil_mode = True)
        self.stage3 = RSU5(128,64,256)
        self.pool34 = nn.MaxPool2d(2,stride = 2,ceil_mode = True)
        self.stage4 = RSU4(256,128,512)
        self.pool45 = nn.MaxPool2d(2,stride = 2,ceil_mode = True)
        self.stage5 = RSU4F(512,256,512)
        self.pool56 = nn.MaxPool2d(2,stride = 2,ceil_mode = True)
```

证件照生成一代码

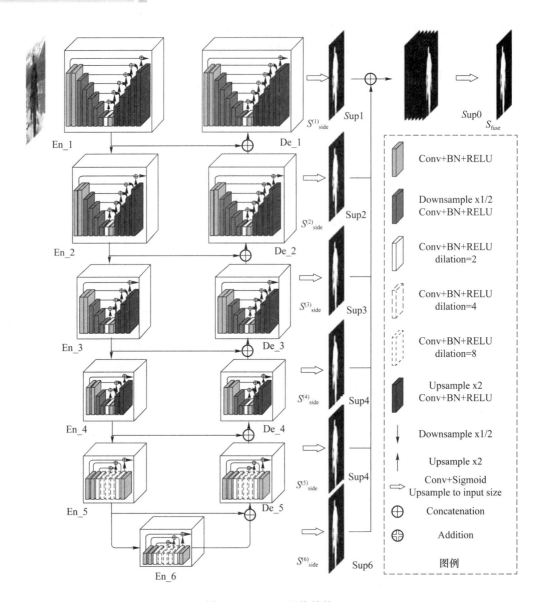

图 7-5 U2-Net 网络结构

```
        self.stage6 = RSU4F(512,256,512)
        # decoder
        self.stage5d = RSU4F(1024,256,512)
        self.stage4d = RSU4(1024,128,256)
        self.stage3d = RSU5(512,64,128)
        self.stage2d = RSU6(256,32,64)
        self.stage1d = RSU7(128,16,64)
        self.side1 = nn.Conv2d(64,out_ch,3,padding = 1)
        self.side2 = nn.Conv2d(64,out_ch,3,padding = 1)
        self.side3 = nn.Conv2d(128,out_ch,3,padding = 1)
        self.side4 = nn.Conv2d(256,out_ch,3,padding = 1)
```

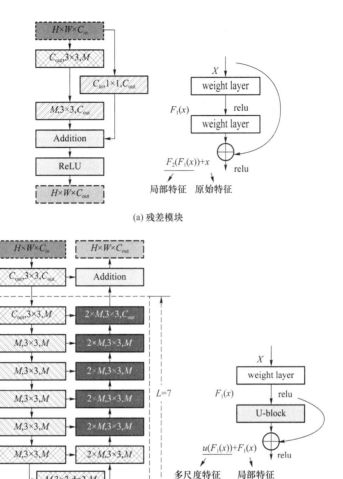

图 7-6　RSU 模块和 Residual block 模块对比

```
self.side5 = nn.Conv2d(512,out_ch,3,padding = 1)
self.side6 = nn.Conv2d(512,out_ch,3,padding = 1)
self.outconv = nn.Conv2d(6,out_ch,1)
```

2. UI 界面设计

本项目通过 PyQt5 来实现一个前端界面,主要功能是:

(1) 用户可以选择照片并上传至服务器。

(2) 展示生成的证件照图片,提供下载按钮。

最终实现效果,如图 7-7 所示,用户点击"上传照片"按钮从本地选择一张图片上传到服务器,选好背景颜色和尺寸,服务器收到图片和要求的颜色尺寸,经过图像分割模块后生成处理过的图片返回给前端。前端收到图片展示出来,用户点击下载按钮即可下载。

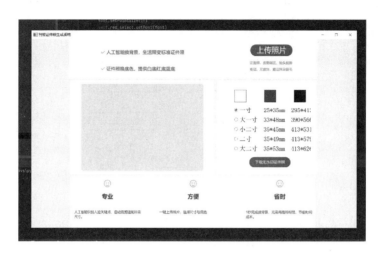

图 7-7　UI 界面

3. Flask 前后端通信模块

通过基础知识部分的学习我们了解到 Flask 可以用来接受 HTTP 协议传来的图片文件，这里我们实现一个 Web 接口，用来接受用户上传的照片，并调用 U2-net 完成切割，再将处理好的照片返回给用户，流程图如图 7-8 所示。

图 7-8　系统流程图

7.3　数据分析

本项目采用 Supervisely Person Dataset 数据集，它是一个专门用于人像分割的数据集，包含了约 6 000 份数据，如图 7-9 所示，读者可以自行下载数据集进行训练，下载地址为：

https：//supervise. ly/explore/projects/supervisely-person-dataset-23304/datasets

	Images count	Size
ds1	375	518.32 MB
ds10	29	39.63 MB
ds11	227	283.82 MB
ds12	33	40.99 MB
ds13	33	41.55 MB
ds2	690	908.23 MB
ds3	73	112.02 MB
ds4	59	83.88 MB
ds5	135	208.91 MB
ds6	1988	565.60 MB
ds7	533	2.79 GB
ds8	1407	1.57 GB
ds9	129	165.50 MB
Total	5711	7.26 GB

图 7-9　数据集介绍

U2-net 模型的训练过程在此我们不再赘述,读者可以翻阅源码查看。如若硬件条件有限,也可以寻找一些已经训练过的模型直接使用,下面提供一个已训练好的模型:

https://drive.google.com/file/d/1ao1ovG1Qtx4b7EoskHXmi2E9rp5CHLcZ/view

7.4　项目实现

7.4.1　项目平台

运行环境:Windows10

开发环境:Pycharm+Anaconda

开发框架:Python3.9+Pytorch1.8+Flask+PyQt5

开发模式:全栈开发

7.4.2　图像分割模型实现

首先要搭建好 U2-net 的模型网络结构,其中调用 torch 的 nn.Module 类,初始化 input_channel=1 和 output_channle=1,按照模型结构依次搭建好 encoder 和 decoder,池化方式选择最大池化,其中一些模块如 RSU(N),由于源码过长不在此展示。

```python
class U2NET(nn.Module):
    def __init__(self,in_ch = 3,out_ch = 1):
        super(U2NET,self).__init__()
        self.stage1 = RSU7(in_ch,32,64)
        self.pool12 = nn.MaxPool2d(2,stride = 2,ceil_mode = True)
        self.stage2 = RSU6(64,32,128)
        self.pool23 = nn.MaxPool2d(2,stride = 2,ceil_mode = True)
        self.stage3 = RSU5(128,64,256)
        self.pool34 = nn.MaxPool2d(2,stride = 2,ceil_mode = True)
        self.stage4 = RSU4(256,128,512)
        self.pool45 = nn.MaxPool2d(2,stride = 2,ceil_mode = True)
        self.stage5 = RSU4F(512,256,512)
        self.pool56 = nn.MaxPool2d(2,stride = 2,ceil_mode = True)
        self.stage6 = RSU4F(512,256,512)
        # decoder
        self.stage5d = RSU4F(1024,256,512)
        self.stage4d = RSU4(1024,128,256)
        self.stage3d = RSU5(512,64,128)
        self.stage2d = RSU6(256,32,64)
        self.stage1d = RSU7(128,16,64)
        self.side1 = nn.Conv2d(64,out_ch,3,padding = 1)
```

```python
        self.side2 = nn.Conv2d(64,out_ch,3,padding = 1)
        self.side3 = nn.Conv2d(128,out_ch,3,padding = 1)
        self.side4 = nn.Conv2d(256,out_ch,3,padding = 1)
        self.side5 = nn.Conv2d(512,out_ch,3,padding = 1)
        self.side6 = nn.Conv2d(512,out_ch,3,padding = 1)
        self.outconv = nn.Conv2d(6,out_ch,1)
    def forward(self,x):
        hx = x
        # stage 1
        hx1 = self.stage1(hx)
        hx = self.pool12(hx1)
        # stage 2
        hx2 = self.stage2(hx)
        hx = self.pool23(hx2)
        # stage 3
        hx3 = self.stage3(hx)
        hx = self.pool34(hx3)
        # stage 4
        hx4 = self.stage4(hx)
        hx = self.pool45(hx4)
        # stage 5
        hx5 = self.stage5(hx)
        hx = self.pool56(hx5)
        # stage 6
        hx6 = self.stage6(hx)
        hx6up = _upsample_like(hx6,hx5)
        # ------------------ decoder ------------------
        hx5d = self.stage5d(torch.cat((hx6up,hx5),1))
        hx5dup = _upsample_like(hx5d,hx4)
        hx4d = self.stage4d(torch.cat((hx5dup,hx4),1))
        hx4dup = _upsample_like(hx4d,hx3)
        hx3d = self.stage3d(torch.cat((hx4dup,hx3),1))
        hx3dup = _upsample_like(hx3d,hx2)
        hx2d = self.stage2d(torch.cat((hx3dup,hx2),1))
        hx2dup = _upsample_like(hx2d,hx1)
        hx1d = self.stage1d(torch.cat((hx2dup,hx1),1))
        # side output
        d1 = self.side1(hx1d)
        d2 = self.side2(hx2d)
        d2 = _upsample_like(d2,d1)
        d3 = self.side3(hx3d)
        d3 = _upsample_like(d3,d1)
        d4 = self.side4(hx4d)
```

```
            d4 = _upsample_like(d4,d1)
            d5 = self.side5(hx5d)
            d5 = _upsample_like(d5,d1)
            d6 = self.side6(hx6)
            d6 = _upsample_like(d6,d1)
            d0 = self.outconv(torch.cat((d1,d2,d3,d4,d5,d6),1))
            return F.sigmoid(d0), F.sigmoid(d1), F.sigmoid(d2), F.sigmoid(d3), F.sigmoid(d4), F.
sigmoid(d5), F.sigmoid(d6)
```

7.4.3　数据载入模块

SalObjDataset 类的作用是先将数据从文件夹中读取成 Image 对象,再经过 transform 转化为 sample 数据。

```
class SalObjDataset(Dataset):
    def __init__(self,img_name_list,lbl_name_list,transform = None):
        # self.root_dir = root_dir
        # self.image_name_list = glob.glob(image_dir+'*.png')
        # self.label_name_list = glob.glob(label_dir+'*.png')
        self.image_name_list = img_name_list
        self.label_name_list = lbl_name_list
        self.transform = transform


    def __len__(self):
        return len(self.image_name_list)


    def __getitem__(self,idx):

        # image = Image.open(self.image_name_list[idx]) # io.imread(self.image_name_list
[idx])
        # label = Image.open(self.label_name_list[idx]) # io.imread(self.label_name_list
[idx])

        image = io.imread(self.image_name_list[idx])
        imname = self.image_name_list[idx]
        imidx = np.array([idx])

        if(0 == len(self.label_name_list)):
            label_3 = np.zeros(image.shape)
        else:
            label_3 = io.imread(self.label_name_list[idx])
```

```python
        label = np.zeros(label_3.shape[0:2])
        if(3 == len(label_3.shape)):
            label = label_3[:,:,0]
        elif(2 == len(label_3.shape)):
            label = label_3


        if(3 == len(image.shape) and 2 == len(label.shape)):
            label = label[:,:,np.newaxis]
        elif(2 == len(image.shape) and 2 == len(label.shape)):
            image = image[:,:,np.newaxis]
            label = label[:,:,np.newaxis]


        sample = {'imidx':imidx,'image':image,'label':label}


        if self.transform:
            sample = self.transform(sample)


        return sample
```

ToTensor 类的作用是将数据中的 ndarry 类数组转变为我们需要的并可在 GPU 上加速计算的 Tensor 向量。

```python
class ToTensor(object):

    def __call__(self, sample):

        imidx, image, label = sample['imidx'], sample['image'], sample['label']

        tmpImg = np.zeros((image.shape[0],image.shape[1],3))
        tmpLbl = np.zeros(label.shape)

        image = image/np.max(image)
        if(np.max(label)<1e-6):
            label = label
        else:
            label = label/np.max(label)

        if image.shape[2] == 1:
            tmpImg[:,:,0] = (image[:,:,0] - 0.485)/0.229
            tmpImg[:,:,1] = (image[:,:,0] - 0.485)/0.229
            tmpImg[:,:,2] = (image[:,:,0] - 0.485)/0.229
        else:
            tmpImg[:,:,0] = (image[:,:,0] - 0.485)/0.229
```

```
            tmpImg[:,:,1] = (image[:,:,1] - 0.456)/0.224
            tmpImg[:,:,2] = (image[:,:,2] - 0.406)/0.225


        tmpLbl[:,:,0] = label[:,:,0]


        # change the r,g,b to b,r,g from [0,255] to [0,1]
        # transforms.Normalize(mean = (0.485, 0.456, 0.406), std = (0.229, 0.224, 0.225))
        tmpImg = tmpImg.transpose((2, 0, 1))
        tmpLbl = label.transpose((2, 0, 1))


        return {'imidx':torch.from_numpy(imidx), 'image': torch.from_numpy(tmpImg),'label':
torch.from_numpy(tmpLbl)}
```

7.4.4　模型测试模块

将训练好的模型重新加载并测试模型的功能,再经测试输入一张人像即可分割出人像和背景的 alpha 图片。

```
def pre_net():
    # 采用 n2net 模型数据
    model_name ='u2net'
    path = os.path.dirname(__file__)
    print(path)
    model_dir = path+'/saved_models/'+ model_name + '/' + model_name + '.pth'
    print(model_dir)
    print("...load U2NET---173.6 MB")
    net = U2NET(3,1)
    # 指定 cpu
    net.load_state_dict(torch.load(model_dir, map_location = torch.device('cpu')))
    if torch.cuda.is_available():
        net.cuda()
    net.eval()
    return net


def pre_test_data(img):
    torch.cuda.empty_cache()
    sample = preprocess(img)
    inputs_test = sample['image'].unsqueeze(0)
    inputs_test = inputs_test.type(torch.FloatTensor)
    if torch.cuda.is_available():
        inputs_test = Variable(inputs_test.cuda())
```

```
    else:
        inputs_test = Variable(inputs_test)
    return inputs_test



def get_im(pred):
    predict = pred
    predict = predict.squeeze()
    predict_np = predict.cpu().data.numpy()
    im = Image.fromarray(predict_np * 255).convert('RGB')
    return im



def seg_trimap(org,alpha,alpha_resize):
    # 将原始图片转换成 Alpha 图
    # org:原始图片
    image = Image.open(org)
    print(image)
    img = np.array(image)
    net = pre_net()
    inputs_test = pre_test_data(img)
    d1, d2, d3, d4, d5, d6, d7 = net(inputs_test)
    # normalization
    pred = d1[:, 0, :, :]
    pred = normPRED(pred)
    # 将数据转换成图片
    im = get_im(pred)
    im.save(alpha)
    sp = image.size
    # 根据原始图片调整尺寸
    imo = im.resize((sp[0], sp[1]), resample = Image.BILINEAR)
    imo.save(alpha_resize)
```

7.4.5 背景上色和图片尺寸调整模块

根据 U2-Net 模型生成的 alpha 图将人像从图像本身切割出来,进行上色和尺寸调整处理。根据日常生活的需要,我们可以调整为 3 种颜色:红、白、蓝;5 个尺寸:一寸、大一寸、小二寸、二寸、大二寸。至此,我们就已经得到了一张完整的生成后的图像。整体流程,如图 7-10 所示。

图 7-10　图像分割 & 生成流程

```python
from pymatting import *
from PIL import Image

colour_dict = {
    "white":(255, 255, 255),
    "red":(255, 0, 0),
    "blue":(67, 142, 219)
}


def to_background(org, resize_trimap, id_image, colour):
    """
        org：原始图片
        resize_trimap：trimap(三值图)
        id_image：新图片
        colour：背景颜色
    """
    scale = 1.0
    image = load_image(org,"RGB", scale, "box")
    trimap = load_image(resize_trimap,"GRAY", scale, "nearest")
    im = Image.open(org)
    # estimate alpha from image and trimap
    alpha = estimate_alpha_cf(image, trimap)

    new_background = Image.new('RGB', im.size, colour_dict[colour])
    new_background.save("bj.png")
    # load new background
    new_background = load_image("bj.png", "RGB", scale, "box")



    # estimate foreground from image and alpha
```

```python
        foreground, background = estimate_foreground_ml(image, alpha, return_background = True)

        # blend foreground with background and alpha
        new_image = blend(foreground, new_background, alpha)
        save_image(id_image, new_image)


def to_background_grid(org, resize_trimap, id_image):
    """
        org:原始图片
        resize_trimap:trimap(三值图)
        id_image:新图片
        colour:背景颜色
    """
    scale = 1.0
    image = load_image(org,"RGB", scale, "box")
    trimap = load_image(resize_trimap,"GRAY", scale, "nearest")
    im = Image.open(org)
    # estimate alpha from image and trimap
    alpha = estimate_alpha_cf(image, trimap)

    # estimate foreground from image and alpha
    foreground, background = estimate_foreground_ml(image, alpha, return_background = True)
    images = [image]
    for k,v in colour_dict.items():
        new_background = Image.new('RGB', im.size, v)
        new_background.save("bj.png")
        new_background = load_image("bj.png", "RGB", scale, "box")
        new_image = blend(foreground, new_background, alpha)
        images.append(new_image)

    grid = make_grid(images)
    save_image(id_image, grid)
```

7.4.6 Flask 模块

搭建 Flask 模块与前端进行通信,将前端传来的图片喂入训练好的模型,生成图像并返回。

```python
from flask import Flask, render_template, request, jsonify
from werkzeug.utils import secure_filename
from datetime import timedelta
```

```python
from u_2_net import my_u2net_test
from to_background import to_background
from to_background import to_standard_trimap
from m_dlib import ai_crop
import os
app = Flask(__name__)

# 设置允许的文件格式
ALLOWED_EXTENSIONS = set(['png', 'jpg', 'JPG', 'PNG', 'bmp'])
def allowed_file(filename):
    return '.' in filename and filename.rsplit('.', 1)[1] in ALLOWED_EXTENSIONS

# 设置静态文件缓存过期时间
app.send_file_max_age_default = timedelta(seconds = 1)

# 添加路由
@app.route('/upload', methods = ['POST', 'GET'])
def upload():
    # 通过 file 标签获取文件
    f = request.files['file']
    if not (f and allowed_file(f.filename)):
        return jsonify({"error": 1001, "msg": "图片类型:png、PNG、jpg、JPG、bmp"})
    # 当前文件所在路径
    basepath = os.path.dirname(__file__)
    print(basepath)
    # 一定要先创建该文件夹,不然会提示没有该路径
    upload_path = os.path.join(basepath,'static\images', secure_filename(f.filename))
    print(upload_path)
    # 保存文件
    f.save(upload_path)
    org_img = upload_path
    alpha_img = os.path.join(basepath,'static\images\meinv_alpha.png')

    #alpha_resize_img = "img\meinv_alpha_resize.png"
    alpha_resize_img = os.path.join(basepath,'static\images\size_re.png')
    # 通过 u_2_net 获取 alpha
    my_u2net_test.seg_trimap(org_img, alpha_img, alpha_resize_img)
    #
    print("----------------------------")
    # 通过 alpha 获取 trimap
    trimap = os.path.join(basepath,'static\images\meinv_trimap_resize.png')
    to_standard_trimap.to_standard_trimap(alpha_resize_img, trimap)
```

```
        id_image = os.path.join(basepath,'static\images\meinv_id.png')
        to_background.to_background(org_img, trimap, id_image,"blue")

        deal_img = os.path.join(basepath,'static\images\deal.png')
        ai_crop.crop_photo(id_image, deal_img)
        # 返回上传成功界面
        return render_template("index.html")
    # 重新返回上传界面


if __name__ == '__main__':
    app.run(debug = True)
```

7.4.7　PyQt5 前端交互模块

本模块源码较长,在这里只展示一下核心的函数和参数。本模块实现了一个前端可交互的页面,用户上传图片并选择需要的尺寸和颜色,即可下载裁剪好的证件照。

```
def saveImage(self):
    img = Image.open("last.jpg")
    # 该方法同上
    fdir, ftype = QFileDialog.getSaveFileName(self,"Save Image",
                                           "./", "Image Files ( * .jpg)")

    img.save(fdir)


def click_white(self):
    if(self.sourcefile_path == ""):
        QMessageBoim = Image.open(path).warning(self,
                        "警告",
                        "请先上传图片",
                        QMessageBox.Yes)

    else:
        self.color = "white"
         deal(self.sourcefile_path,self.color,self.size_width,self.size_height,self.
size3)
         self.last_label.setGeometry(589, 340, int(self.size_width/2), int(self.size_
height/2))
         self.last_label.setStyleSheet("border-image;url(last.jpg)")


def click_red(self):
    if(self.sourcefile_path == ""):
```

```
                QMessageBox.warning(self,
                                    "警告",
                                    "请先上传图片",
                                    QMessageBox.Yes)
            else:
                self.color = "red"
                 deal(self.sourcefile_path, self.color, self.size_width, self.size_height, self.
size3)
                 self.last_label.setGeometry(589, 340, int(self.size_width/2), int(self.size_
height/2))
                self.last_label.setStyleSheet("border-image:url(last.jpg)")


        def click_blue(self):
            if(self.sourcefile_path == ""):
                QMessageBox.warning(self,
                                    "警告",
                                    "请先上传图片",
                                    QMessageBox.Yes)
            else:
                self.color = "blue"
                 deal(self.sourcefile_path, self.color, self.size_width, self.size_height, self.
size3)
                 self.last_label.setGeometry(589, 340, int(self.size_width/2), int(self.size_
height/2))
                self.last_label.setStyleSheet("border-image:url(last.jpg)")



        def click1(self):
            if(self.sourcefile_path == ""):
                QMessageBox.warning(self,
                                    "警告",
                                    "请先上传图片",
                                    QMessageBox.Yes)
            else:
                self.size_width = 295
                self.size_height = 413
                self.size3 = 10
                 deal(self.sourcefile_path, self.color, self.size_width, self.size_height, self.
size3)
                 self.last_label.setGeometry(600, 350, int(self.size_width/2), int(self.size_
height/2))
                self.last_label.setStyleSheet("border-image:url(last.jpg)")
```

```python
    def click2(self):
        if(self.sourcefile_path == ""):
            QMessageBox.warning(self,
                                "警告",
                                "请先上传图片",
                                QMessageBox.Yes)
        else:
            self.size_width = 389
            self.size_height = 566
            self.size3 = 100
            deal(self.sourcefile_path, self.color, self.size_width, self.size_height, self.size3)
            self.last_label.setGeometry(589, 340, int(self.size_width/2), int(self.size_height/2))
            self.last_label.setStyleSheet("border-image:url(last.jpg)")

    def click3(self):
        if(self.sourcefile_path == ""):
            QMessageBox.warning(self,
                                "警告",
                                "请先上传图片",
                                QMessageBox.Yes)
        else:
            self.size_width = 413
            self.size_height = 531
            self.size3 = 80
            deal(self.sourcefile_path, self.color, self.size_width, self.size_height, self.size3)
            self.last_label.setGeometry(587, 340, int(self.size_width/2), int(self.size_height/2))
            self.last_label.setStyleSheet("border-image:url(last.jpg)")

    def click4(self):
        if(self.sourcefile_path == ""):
            QMessageBox.warning(self,
                                "警告",
                                "请先上传图片",
                                QMessageBox.Yes)
        else:
            self.size_width = 413
            self.size_height = 579
            self.size3 = 110
            deal(self.sourcefile_path, self.color, self.size_width, self.size_height, self.size3)
```

```
                self.last_label.setGeometry(587, 330, int(self.size_width/2), int(self.size_
height/2))
                self.last_label.setStyleSheet("border-image:url(last.jpg)")



    def click5(self):
        if(self.sourcefile_path == ""):
            QMessageBox.warning(self,
                                "警告",
                                "请先上传图片",
                                QMessageBox.Yes)
        else:
            self.size_width = 413
            self.size_height = 626
            self.size3 = 140
            deal(self.sourcefile_path, self.color, self.size_width, self.size_height, self.
size3)
                self.last_label.setGeometry(600, 310, int(self.size_width/2), int(self.size_
height/2))
                self.last_label.setStyleSheet("border - image:url(last.jpg)")
    def slot_btn_chooseFile(self):
        fileName_choose, filetype = QFileDialog.getOpenFileName(self,
            "选取文件",
            self.cwd, # 起始路径
            "All Files (*)")  # 设置文件扩展名过滤,用双分号间隔  All Files (*);;

        if fileName_choose == "":
            return

        print("\n你选择的文件为:")
        print(fileName_choose)
        self.sourcefile_path = fileName_choose
        return fileName_choose


    def deal_pic(self):
        path = self.slot_btn_chooseFile()
        deal(path, self.color, self.size_width, self.size_height, self.size3)

        self.last_label.setGeometry(600, 350, int(295/2), int(413/2))
        self.last_label.setStyleSheet("border-image:url(last.jpg)")


if __name__ == "__main__":
    import sys
```

```
app = QApplication(sys.argv)
mainForm = user_mainWindow()
mainForm.show()
sys.exit(app.exec_())
```

7.5 项 目 总 结

本项目通过 U2-net 实现了一个智能证件照生成系统，解决了生活中的一个小需求。未来拓展的方向可以考虑将前端的展现形式多元化，包括网页端、小程序端、Android、IOS 等平台都可以使用。

思考题：

1. 实现 B/S 结构下的网页版用户界面。
2. 实现手机端 APP 用户界面。

证件照生成——
讲解视频

第8章

基于知识图谱的医药问答系统

随着我国社会经济的飞速发展，人们的生活水平有了很大提升，健康意识也随之不断提高。如何利用现有的科技来提高医药和医疗服务，是科研工作者密切关注的问题。

随着计算机技术的进步，人工智能技术也在迅速发展，且被应用到各个领域中。在互联网发展的推动下，医疗的相关信息以各种方式呈现在网上，但大多数用户并不能有效地利用这些信息。如何利用人工智能技术将这些信息有效地利用起来，并以问答的形式为用户提供优质的医药和医疗服务有着十分重要的意义。

医药问答—课件

本章通过网上抓取的问答数据、医药数据、病症数据，构建一个以疾病为中心的医药知识图谱，以该医药知识图谱为数据基础，构建医药相关的智能问答系统，为智能医药、智慧医疗的发展起到一定的推进作用。本章实现了一个 Web 版本的问答系统，目标用户是对医药信息了解较少，但是对咨询购药有需求的普通大众。

8.1 项目分析和设计

8.1.1 需求分析

系统应能实现对用户查询语句的解析，以及基于知识图谱的答案匹配与生成。

具体需求包括以下内容：一，根据网上抓取到的问答数据、医药数据、病症数据，构建以疾病为中心的医药知识图谱；二，根据用户查询语句进行基于知识图谱的答案匹配与生成；三，用户可在前端页面与聊天机器人对话，即时获得咨询问题的答案。支持的问答类型，如表 8-1 所示。

表 8-1 支持的问答类型

问句类型	中文含义	问句举例
disease_symptom	疾病症状	感冒的症状有哪些？
symptom_disease	已知症状找可能疾病	最近老流鼻涕怎么办？

问句类型	中文含义	问句举例
disease_cause	疾病病因	为什么有的人会失眠？
disease_acompany	疾病的并发症	失眠有哪些并发症？
disease_not_food	疾病需要忌口的食物	失眠的人不要吃啥？
disease_do_food	疾病建议吃什么食物	耳鸣了吃点啥？
food_not_disease	什么病最好不要吃某食物	哪些人最好不要吃蜂蜜？
food_do_disease	食物对什么病有好处	鹅肉有什么好处？
disease_drug	啥病要吃啥药	肝病要吃啥药？
drug_disease	药品能治啥病	板蓝根颗粒能治啥病？
disease_check	疾病需要做什么检查	脑膜炎怎么才能查出来？
check_disease	检查能查什么病	全血细胞计数能查出啥来？
disease_prevent	预防措施	怎样才能预防肾虚？
disease_lasttime	治疗周期	感冒要多久才能好？
disease_cureway	治疗方式	高血压要怎么治？
disease_cureprob	治愈概率	白血病能治好吗？
disease_easyget	疾病易感人群	什么人容易得高血压？
disease_desc	疾病描述	什么是糖尿病？

8.1.2　系统设计

1. 医药知识图谱构建

立足医药领域，以医药网站为数据来源，以疾病为核心，构建一个医药知识图谱，并使用图数据库 Neo4j 进行知识图谱的构建和存储。医药知识图谱的构建流程，如图 8-1 所示。

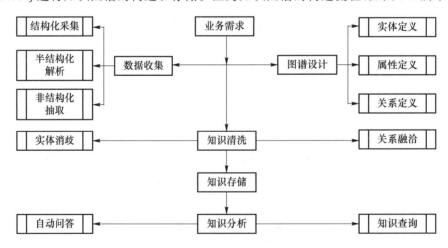

图 8-1　医药知识图谱构建流程

2. 医药问答系统设计

基于医疗知识图谱的自动问答模块是系统的核心模块。首先输入前端传来的用户问句，接着进行问句分类、问句解析、查询语句转换等操作,然后在已经构造好的医疗知识图谱中检索,最后输出对应的答句。医药问答系统的工作流程、问答系统的具体效果分别如图 8-2、8-3 所示。

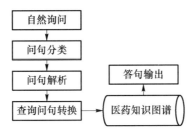

图 8-2　医药问答系统工作流程图

用户:最近老流鼻涕怎么办?

小健:症状流鼻涕可能染上的疾病有:枯草热、副流行性感冒、急性上呼吸道感染、硫化氢中毒、小儿衣原体肺炎、风寒感冒、慢性额窦炎、鼻源性头痛、人禽流行性感冒、小儿流行性喘憋性肺炎、病毒性感冒、慢性鼻炎、风热犯肺、感冒、顿呛、小儿急性上呼吸道感染、嗜酸细胞增多性非变态反应性鼻炎、干酪性鼻窦炎、下呼吸道感染、麻疹

图 8-3　问答系统输出效果示例

3. 交互界面设计

系统采用 B/S 结构,为问答系统设计 Web 前端实现与用户的交互。网页整体呈现为一个聊天框,用户在页面下端文本框中输入问题,后端算法根据问题得到对应的解答,并将答案呈现于聊天框内。在大数据应用中还需要评估时间效率,尤其是在线应用,如果响应不及时、用户体验差,则会大大影响应用的推广。

8.2　基础知识补充

8.2.1　SQL 语句

SQL(Structured Query Language)语言,即结构化查询语言,是一种数据库查询和程序设计语言,用于存取数据以及查询、更新和管理关系数据库系统。SQL 语言易于学习、使用灵活、功能强大,是一种非过程语言,可以同时访问多条记录,而且具有优秀的可移植性,是目前使用最广泛的数据库语言。使用 SQL 语言访问关系型数据库,能够大大提高用户操作数据库的效率。

典型的 SQL 查询语句有 SELECT 子句、WHERE 子句、OREDR BY 子句等,典型的 SQL 函数有 AVG 函数、MAX 函数、MIN 函数等。本系统使用 SQL 语句对构建好的 Neo4j 图数据库进行查询,得到查询结果再后续处理。

8.2.2　Neo4j

Neo4j 是一个高性能的 NoSQL 图形数据库（NoSQL 泛指非关系型的数据库），它将结构化数据存储在网络（从数学角度叫作图）中而不是表中。它具有嵌入式、高性能、轻量级等优势。图数据库主要用于存储更多的连接数据。

Neo4j 图数据库主要有以下构建块：

（1）节点：是图表的基本单位，它包含具有键值对的属性。

（2）属性：是用于描述图节点和关系的键值对。Key＝值，其中 Key 是一个字符串，值可以通过使用任何 Neo4j 数据类型来表示。

（3）关系：关系是图形数据库的另一个主要构建块，它连接两个节点。每个关系包含一个起始节点和一个结束节点。关系也可以包含属性作为键值对。

（4）标签：将一个公共名称与一组节点或关系相关联。

（5）Neo4j 数据浏览器：用于执行 CQL 命令并查看输出。CQL 即 Cypher 查询语言，类似于关系型数据库 MySQL 的 SQL 语句，Neo4j 使用 CQL 作为查询语言。

【例 8-1】　连接 Neo4j 数据库。

```python
'''连接 Neo4j 数据库'''
class MedicalGraph:
    def __init__(self):
        """
        加载数据文件,连接 Neo4j
        """
        cur_dir = '/'.join(os.path.abspath(__file__).split('/')[:-1])
        self.data_path = os.path.join(cur_dir, 'data/medical.json')
        self.g = Graph(
            host = "XX.XX.XX.XX",   # Neo4j 搭载服务器的 IP 地址,ifconfig 可获取到
            http_port = 7474,   # Neo4j 服务器监听的端口号
            user = "neo4j",   # 数据库 user name,如果没有更改过,应该是 Neo4j
            password = "neo4j123")
```

8.2.3　知识图谱

知识图谱（Knowledge Graph），是一种揭示实体之间关系的语义网络，用可视化技术描述知识资源及其载体，分析和显示知识之间的相互联系。从语义角度出发，它是通过描述客观世界中概念、实体及其关系，从而让计算机具备更好地组织、管理和理解互联网上海量信息的能力。

知识图谱是由一些相互连接的实体和它们的属性构成的。具体来说，知识图谱是一种带标记的有向属性图。知识图谱中每个结点都有若干个属性和属性值，实体与实体之间的边表示的是结点之间的关系，边的指向方向表示了关系的方向，而边上的标记表示了关系的类型。

知识图谱最早由 Google 公司提出，用于提升搜索引擎返回答案的质量以及用户查询的效

率。在知识图谱的辅助下,搜索引擎可以洞察到用户查询背后的语义信息,从而返回更为精准和结构化的信息,更准确地满足用户的查询需求。随着人工智能的飞速发展,知识图谱被用于语义分析、知识抽取、机器推理等领域。目前,知识图谱已经在智能搜索、自动问答、个性推荐、决策支持等通用领域得到广泛应用,在金融证券、电商等行业正加快落地。

8.2.4 问答系统

问答系统(Question Answering System,QA)属于人工智能和自然语言处理领域,是信息检索系统的一种高级形式。它能用准确、简洁的自然语言回答用户用自然语言提出的问题,常用于 Web 形式的问答网站。

问答系统可以分为限定域问答系统和开放域问答系统。限定域问答系统是指系统能回答的问题只限定于某个领域,开放域问答系统则能够回答不限领域的问题。目前,构建问答系统的方法有:以知识图谱构建事实性问答系统,也称为 KB-QA;对非结构化文章进行阅读理解得到答案,如匹配式问答系统、抽取式问答系统和生成式问答系统;基于多轮交互的对话系统,等等。

8.2.5 AC 自动机

AC 自动机算法于 1975 在贝尔实验室产生,是最著名的多模式匹配算法,基于 Trie 树,即字典树。Trie 树又称为单词查找树或键树,是哈希树的变种。在多模式环境中,AC 自动机使用前缀树来存放所有模式串的前缀,然后通过 fail 指针来处理失配的情况。AC 自动机算法具体分为三步:构造一棵 Trie 树,构造 fail 指针,模式匹配过程。

AC 自动机的作用在于字符串匹配,可以实现从字典树中快速匹配出字符串交集。由于只遍历一遍字典树,所以相比于 KMP 等算法的时间复杂度更低,通常应用于问答系统中用于提取语句中的关键词。

8.2.6 Flask 框架和 MVC 模式

Flask 框架可以很好地结合 MVC 模式进行开发。MVC 模式代表 Model-View-Controller(模型-视图-控制器) 模式,这种模式用于应用程序的分层开发,Model 代表一个存取数据的对象,View 代表模型包含的数据的可视化,Controller 作用于模型和视图上。MVC 模式控制数据流向模型对象,并在数据变化时更新视图。使用 MVC 模式的目的是将视图与模型分离开,从而使同一个程序可以使用不同的表现形式。MVC 架构,如图 8-4 所示。

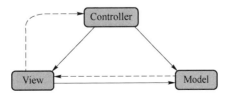

图 8-4 MVC 模式示意图

　　Flask 是一个使用 Python 编写的轻量级 Web 应用程序框架，较其他同类型框架更为灵活、轻便、安全且容易上手。由于 Flask 旨在保持代码简洁且易于扩展，它又被称为微框架（Micro Framework）。Flask 框架的主要特征是核心构成比较简单，但具有很强的扩展性和兼容性。其强大的插件库可以让用户实现个性化的网站定制，开发出功能强大的网站。

　　Flask 的基本模式为：在程序里将一个视图函数分配给一个 URL，每当用户访问这个 URL 时，系统就会执行给该 URL 分配好的视图函数，获取函数的返回值并将其显示到浏览器上，其工作过程如图 8-5 所示。

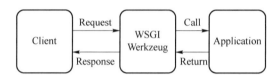

图 8-5　Flask 框架工作过程图

8.2.7　Vue

　　Vue 是一套用于构建用户界面的渐进式框架，常用于基于 HTML、CSS 和 JavaScript 的前端开发。与其他大型框架不同的是，Vue 被设计为可以自底向上的逐层应用。Vue 的核心库只关注视图层，不仅易于上手，还便于与第三方库或既有项目整合。另一方面，当与现代化的工具链以及各种支持类库结合使用时，Vue 也完全能够为复杂的单页应用提供驱动。

8.3　数据分析和处理

8.3.1　设计实体、关系、属性类型

　　用户从问答系统中能获得的信息应包括：疾病症状、从症状找可能的疾病、疾病病因、疾病并发症、疾病忌口、疾病推荐食物、疾病推荐药物、疾病预防措施、治疗周期、治疗方式、治愈概率、易感人群等。据此，我们从网上抓取问答数据、医药数据、病症数据，设计分别如表 8-2、8-3、8-4 所示的实体、关系、属性类型。

表 8-2　知识图谱实体类型

实体类型	中文含义	实体数量	举例
Department	医疗科目	54	整形美容科、烧伤科
Check	诊断检查项目	3,353	支气管造影、关节镜检查
Disease	疾病	8,807	血栓闭塞性脉管炎、胸降主动脉动脉瘤
Symptom	疾病症状	5,998	乳腺组织肥厚、脑实质深部出血
Drug	药品	3,828	京万红痔疮膏、布林佐胺滴眼液
Producer	在售药品	17,201	通药制药青霉素 V 钾片、青阳醋酸地塞米松片
Food	食物	4,870	番茄冲菜牛肉丸汤、竹笋炖羊肉
Total	总计	44,111	约 4.4 万实体量级

表 8-3　知识图谱关系类型

实体关系类型	中文含义	关系数量	举例
belongs_to	属于	8,844	＜妇科、属于、妇产科＞
need_check	疾病所需检查	39,422	＜单侧肺气肿、所需检查、支气管造影＞
acompany_with	疾病并发疾病	12,029	＜下肢交通静脉瓣膜关闭不全、并发疾病、血栓闭塞性脉管炎＞
has_symptom	疾病症状	5,998	＜早期乳腺癌、疾病症状、乳腺组织肥厚＞
common_drug	疾病常用药吃	14,649	＜阳强、常用、甲磺酸酚孕拉明分散片＞
recommand_drug	疾病推荐药品	59,467	＜混合痔、推荐用药、京万红痔疮膏＞
drugs_of	药品在售药品	17,315	＜青霉素 V 钾片、在售、通药制药青霉素 V 钾片＞
do_eat	疾病宜吃食物	22,238	＜胸椎骨折、宜吃、黑鱼＞
no_eat	疾病忌吃食物	22,247	＜唇病、忌吃、杏仁＞
recommand_eat	疾病推荐食谱	40,221	＜鞘膜积液、推荐食谱、番茄冲菜牛肉丸汤＞
Total	总计	294,149	约 30 万关系量级

表 8-4　知识图谱属性类型

属性类型	中文含义	举例
name	疾病名称	喘息样支气管炎
desc	疾病简介	又称哮喘性支气管炎……
cause	疾病病因	常见的有合胞病毒等……
prevent	预防措施	注意家族与患儿自身过敏史……
cure_lasttime	治疗周期	6～12 个月
cure_way	治疗方式	"药物治疗""支持性治疗"
cured_prob	治愈概率	95％
easy_get	疾病易感人群	无特定的人群

8.3.2　读取数据

根据设计的实体、关系、属性列表,构造如表 8-5 所示的 Python 列表、存储相关信息。遍历 Json 文件中的每一条记录,将该条记录中相关的实体、关系、属性信息添加到相应的实体、关系、属性列表中。

表 8-5　Python 列表

列表名称	含义
departments	科室
checks	检查
diseases	疾病
symptoms	疾病症状
drugs	药品
producers	药品大类

列表名称	含义
foods	食物
disease_infos	疾病信息
rels_department	疾病-科室关系
rels_category	疾病-具体治疗科室关系
rels_check	疾病-检查关系
rels_acompany	疾病并发关系
rels_symptom	疾病症状关系
rels_commonddrug	疾病-通用药品关系
rels_recommanddrug	疾病-热门药品关系
rels_drug_producer	厂商-药物关系
rels_doeat	疾病-宜吃食物关系
rels_noteat	疾病-忌吃食物关系
rels_recommandeat	疾病-推荐吃食物关系

【例 8-2】 读取 Json 文件。

```python
'''读取文件，获得实体,关系,属性列表'''
    def read_nodes(self):
        # 实体列表
        departments = []  # 科室
        checks = []  # 检查项目
        diseases = []   # 疾病
        symptoms = []   # 疾病症状
        drugs = []   # 药品
        producers = []  # 在售药品
        foods = []  # 食物

        disease_infos = []   # 疾病信息,这个不是实体,指实体"疾病"的属性

        # 关系列表
        rels_department = []  # 疾病-科室关系
        rels_category = []   # 疾病-具体治疗科室之间的关系,文档中未提及
        rels_check = []   # 疾病-检查关系
        rels_acompany = []  # 疾病并发关系
        rels_symptom = []   # 疾病症状关系
        rels_commonddrug = [] # 疾病-通用药品关系
        rels_recommanddrug = [] # 疾病-热门药品关系
        rels_drug_producer = []   # 厂商-药物关系与文档中不一致
        rels_doeat = []  # 疾病-宜吃食物关系
        rels_noteat = [] # 疾病-忌吃食物关系
```

```
            rels_recommandeat = []  #疾病－推荐吃食物关系


            count = 0
            #遍历 json 文件中每一条疾病记录,将其中的信息更新到实体,关系列表中
            #建立一个字典 disease_dict 存储该疾病的各属性信息,最后将添加到 disease_infos 列
表中
            for data in open(self.data_path, encoding ='UTF-8'):
                disease_dict = {}
                count += 1
                print(count)
                data_json = json.loads(data)   #把字符串 data 通过 json.loads 转为字典
                disease = data_json['name']  #疾病名称
                disease_dict['name'] = disease
         diseases.append(disease)   # 该疾病名称添加到"疾病"实体列表 diseases 中
                disease_dict['desc'] = ''  #疾病简介
                disease_dict['cause'] = ''   #病因
                disease_dict['prevent'] = ''  #预防措施
                disease_dict['cure_lasttime'] = ''   #治疗周期
                disease_dict['cure_way'] = ''   #治疗方式
                disease_dict['cured_prob'] = ''  #治愈概率
                disease_dict['easy_get'] = ''   #易感人群
                disease_dict['cure_department'] = ''  #疾病治疗科室
                disease_dict['symptom'] = ''  #疾病症状


                #将该条疾病记录信息添加到对应实体、关系、列表中,如果疾病属性存在,设置字典中相
应的值
                if 'symptom' in data_json:   #这条疾病记录的字典的键中是否有 symptom
                    symptoms += data_json['symptom']   #该疾病的症状添加到"症状"实体列表
symptoms 中
                    for symptom in data_json['symptom']:
                        rels_symptom.append([disease, symptom])   #将"该疾病与-该疾病症状"之间
关系添加到关系列表 rels_symptom 中
                if 'acompany' in data_json:
                    for acompany in data_json['acompany']:
                        rels_acompany.append([disease, acompany])   #将"该疾病-并发疾病"之间关
系添加到关系列表 rels_acompany 中
                if 'desc' in data_json:
                    disease_dict['desc'] = data_json['desc']   #设置该疾病简介内容
                if 'prevent' in data_json:
                    disease_dict['prevent'] = data_json['prevent']   #设置该疾病预防措施
                if 'cause' in data_json:
                    disease_dict['cause'] = data_json['cause']   #设置该疾病病因
                if 'get_prob' in data_json:
```

```
                    disease_dict['get_prob'] = data_json['get_prob']    #设置该疾病治愈概率
                if 'easy_get' in data_json:
                    disease_dict['easy_get'] = data_json['easy_get']    #设置该疾病易感人群
                if 'cure_department' in data_json:
                    cure_department = data_json['cure_department']    #设置该疾病治疗科室
                    if len(cure_department) == 1:
                        rels_category.append([disease, cure_department[0]])    #将"疾病-具体治
疗科室"关系添加到关系列表 rels_category 中
                    if len(cure_department) == 2:
                        big = cure_department[0]
                        small = cure_department[1]
                        rels_department.append([small, big])    #将"疾病-治疗科室"关系添加到关
系列表 rels_department 中
                        rels_category.append([disease, small])    #将"疾病-具体治疗科室"关系添
加到关系列表 rels_category 中
                    disease_dict['cure_department'] = cure_department    #设置该疾病"科室"属性
                    departments += cure_department    #将该科室添加到科室列表中
                if 'cure_way' in data_json:
                    disease_dict['cure_way'] = data_json['cure_way']    #设置该疾病治疗方式
                if 'cure_lasttime' in data_json:
                    disease_dict['cure_lasttime'] = data_json['cure_lasttime']    #设置该疾病治疗
周期
                if 'cured_prob' in data_json:
                    disease_dict['cured_prob'] = data_json['cured_prob']    #设置该疾病治愈概率
            if 'common_drug' in data_json:
                common_drug = data_json['common_drug']    #设置该疾病通用药品属性
                for drug in common_drug:
                    rels_commonddrug.append([disease, drug])    #更新"疾病-通用药品"关系列
表 rels_commonddrug
                drugs += common_drug    #将该通用药品添加到"药品"实体列表 drugs 中
            if 'recommand_drug' in data_json:
                recommand_drug = data_json['recommand_drug']    #设置该疾病热门药品属性
                drugs += recommand_drug
                for drug in recommand_drug:
                    rels_recommanddrug.append([disease, drug])
            if 'not_eat' in data_json:
                not_eat = data_json['not_eat']    #设置该疾病禁忌食品
                for _not in not_eat:
                    rels_noteat.append([disease, _not])    #将"疾病-禁忌食品"关系添加到关系
列表中
                foods += not_eat    #更新"食品"实体列表 foods
                do_eat = data_json['do_eat']
                for _do in do_eat:
```

```
                    rels_doeat.append([disease, _do])    #将"疾病-宜吃食品"关系添加到关系列
表中

                foods += do_eat    #更新"食品"实体列表 foods
                recommand_eat = data_json['recommand_eat']
                for _recommand in recommand_eat:
                    rels_recommandeat.append([disease, _recommand])    #将"疾病-推荐食品"关
系添加到关系列表中

                foods += recommand_eat    #更新"食品"实体列表 foods

            if 'check' in data_json:
                check = data_json['check']
                for _check in check:
                    rels_check.append([disease, _check])    #将"疾病-检查项目"关系添加到关
系列表中

                checks += check    #更新"检查项目"关系列表
            if 'drug_detail' in data_json:
                drug_detail = data_json['drug_detail']
                producer = [i.split('(')[0] for i in drug_detail]
                rels_drug_producer += [[i.split('(')[0], i.split('(')[-1].replace(')', '')] for i
in drug_detail]

                producers += producer    #将该药品大类添加到实体列表中
            disease_infos.append(disease_dict)
        #返回根据数据库更新信息完毕的实体列表、关系列表、记录各疾病属性的列表 disease
_infos
        return set(drugs), set(foods), set(checks), set(departments), set(producers), set
(symptoms), set(diseases), disease_infos, \
            rels_check, rels_recommandeat, rels_noteat, rels_doeat, rels_department, rels_
commanddrug, rels_drug_producer, rels_recommanddrug, \
            rels_symptom, rels_acompany, rels_category
```

8.3.3　数据导入 Neo4j

根据遍历得到的各实体、关系、属性列表,调用 Python 操作 Neo4j 的库 py2neo 构建相应的节点和边,完成知识图谱。

1. 创建知识图谱实体节点类型 schema

【例 8-3】　创建节点。

```
    def create_graphnodes(self):
        #读取 Json 文件获得表示各实体、关系、属性的列表
        Drugs, Foods, Checks, Departments, Producers, Symptoms, Diseases, disease_infos, rels_
check, rels_recommandeat, rels_noteat, rels_doeat, rels_department, rels_commanddrug, rels_drug_
producer, rels_recommanddrug, rels_symptom, rels_acompany, rels_category = self.read_nodes()
```

```
        self.create_diseases_nodes(disease_infos)    # 创建"disease"实体对应的 node
        self.create_node('Drug', Drugs)
        print(len(Drugs))
        self.create_node('Food', Foods)
        print(len(Foods))
        self.create_node('Check', Checks)
        print(len(Checks))
        self.create_node('Department', Departments)
        print(len(Departments))
        self.create_node('Producer', Producers)
        print(len(Producers))
        self.create_node('Symptom', Symptoms)
        return
```

2. 建立节点

【例 8-4】 建立节点函数。

```
    def create_node(self, label, nodes):
        count = 0
        for node_name in nodes:
            node = Node(label, name = node_name)
            self.g.create(node)
            count += 1
            print(count, len(nodes))
        return
```

3. 创建实体关系边

【例 8-5】 创建关系。

```
    def create_graphrels(self):
        Drugs, Foods, Checks, Departments, Producers, Symptoms, Diseases, disease_infos, rels_
check, rels_recommandeat, rels_noteat, rels_doeat, rels_department, rels_commonddrug, rels_drug_
producer, rels_recommanddrug,rels_symptom, rels_acompany, rels_category = self.read_nodes()
        self.create_relationship('Disease', 'Food', rels_recommandeat, 'recommand_eat', '推荐食
谱')
        self.create_relationship('Disease', 'Food', rels_noteat, 'no_eat', '忌吃')
        self.create_relationship('Disease', 'Food', rels_doeat, 'do_eat', '宜吃')
        self.create_relationship('Department', 'Department', rels_department, 'belongs_to', '属
于')
        self.create_relationship('Disease', 'Drug', rels_commonddrug, 'common_drug', '常用药品')
        self.create_relationship('Producer', 'Drug', rels_drug_producer, 'drugs_of', '生产药品')
        self.create_relationship('Disease', 'Drug', rels_recommanddrug, 'recommand_drug', '好评
药品')
        self.create_relationship('Disease', 'Check', rels_check, 'need_check', '诊断检查')
```

```
    self.create_relationship('Disease', 'Symptom', rels_symptom, 'has_symptom', '症状')
    self.create_relationship('Disease', 'Disease', rels_acompany, 'acompany_with', '并发症')
    self.create_relationship('Disease', 'Department', rels_category, 'belongs_to', '所属科室')
```

4. 创建实体关联边

【例 8-6】 创建关联边函数。

```
def create_relationship(self, start_node, end_node, edges, rel_type, rel_name):
    count = 0
    #去重处理
    set_edges = []
    for edge in edges:
        set_edges.append('###'.join(edge))
    all = len(set(set_edges))
    for edge in set(set_edges):
        edge = edge.split('###')
        p = edge[0]
        q = edge[1]
        query = "match(p:%s),(q:%s) where p.name='%s'and q.name='%s' create (p)-
[rel:%s{name:'%s'}]->(q)" % (
            start_node, end_node, p, q, rel_type, rel_name)
        try:
            self.g.run(query)
            count += 1
            print(rel_type, count, all)
        except Exception as e:
            print(e)
    return
```

图 8-6 的彩图

最终的知识图谱构建效果，如图 8-6 所示。

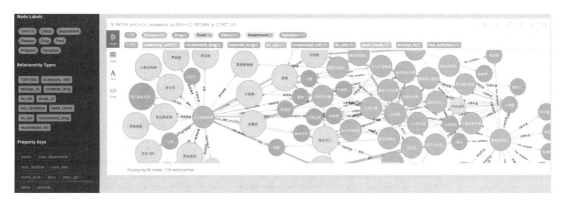

图 8-6 知识图谱构建效果

8.4　问答系统实现

8.4.1　项目平台

运行环境：ubuntu16.04

开发环境：Pycharm，VSCode

开发模式：前后端分离模式

开发框架：python-flask 框架(后端)，vue(前端)

测试环境：chrome 浏览器

8.4.2　问答模块设计

1. 问句分类

首先根据外部知识文件构建 AC 自动机，将输入的问句送入 AC 自动机中进行匹配，对得到的匹配关键词进行清洗，丢弃重复的关键词。然后利用外部知识构建关键词类型字典，将之前提取的关键词输入类型字典中进行匹配，构建出实体类型对。最后将输入问句与词库中的字典进行匹配，得到问句类型，即将输入问句分为预先定义的 16 类。

问句关键词、问句类型分别如表 8-6、8-7 所示。

表 8-6　问句关键词

类别	问句疑问词
Symptom	症状、表征、现象等
cause	原因、为什么、怎么会等
acompany	并发症、一起发生、一并发生等
food	饮食、吃、忌口等
drug	药品、用药、胶囊等
Prevent	预防、抵御、怎样才能不等
lasttime	周期、多久、几天等
cureway	怎么治疗、如何医治等
cureprob	多大概率能治好、概率等
easyget	易感人群、容易感染、哪些人等
Check	检查、查出等
belong	属于什么科、什么科室等
cure	治疗什么、治愈啥等

表 8-7 问句分类

序号	问句类型
1	疾病症状
2	疾病原因
3	疾病并发症
4	疾病推荐食物
5	从已知食物找疾病
6	推荐药品
7	药品治什么疾病
8	疾病接受检查项目
9	从已知检查项目查相应疾病
10	症状预防
11	疾病医疗周期
12	疾病治疗方式
13	疾病治愈可能性
14	疾病易感人群
15	若无相关查询信息,返回疾病描述信息
16	若无相关查询信息,返回疾病症状信息

实现代码如下:

```
'''分类主函数'''
 def classify(self, question):
     data = {}
     medical_dict = self.check_medical(question)
     if not medical_dict:
         return {}
     data['args'] = medical_dict
     #收集问句当中所涉及的实体类型(可能会重复)
     types = []
     for type_ in medical_dict.values():
         types += type_
     question_type = 'others'
     question_types = []
     #症状
     if self.check_words(self.symptom_qwds, question) and ('disease' in types):
         question_type = 'disease_symptom'
         question_types.append(question_type)
     if self.check_words(self.symptom_qwds, question) and ('symptom' in types):
         question_type = 'symptom_disease'
         question_type = 'symptom_disease'
```

医药问答—代码

```
        question_types.append(question_type)
    # 原因
    if self.check_words(self.cause_qwds, question) and ('disease' in types):
        question_type = 'disease_cause'
        question_types.append(question_type)
    # 并发症
    if self.check_words(self.acompany_qwds, question) and ('disease' in types):
        question_type = 'disease_acompany'
        question_types.append(question_type)
    # 推荐食品
    if self.check_words(self.food_qwds, question) and 'disease' in types:
        deny_status = self.check_words(self.deny_words, question)
        if deny_status:
            question_type = 'disease_not_food'
        else:
            question_type = 'disease_do_food'
        question_types.append(question_type)
    # 已知食物找疾病
    if self.check_words(self.food_qwds + self.cure_qwds, question) and 'food' in types:
        deny_status = self.check_words(self.deny_words, question)
        if deny_status:
            question_type = 'food_not_disease'
        else:
            question_type = 'food_do_disease'
        question_types.append(question_type)
    # 推荐药品
    if self.check_words(self.drug_qwds, question) and 'disease' in types:
        question_type = 'disease_drug'
        question_types.append(question_type)
    # 药品治啥病
    if self.check_words(self.cure_qwds, question) and 'drug' in types:
        question_type = 'drug_disease'
        question_types.append(question_type)
    # 疾病接受检查项目
    if self.check_words(self.check_qwds, question) and 'disease' in types:
        question_type = 'disease_check'
        question_types.append(question_type)
    # 已知检查项目查相应疾病
    if self.check_words(self.check_qwds + self.cure_qwds, question) and 'check' in types:
        question_type = 'check_disease'
        question_types.append(question_type)
    # 症状防御
    if self.check_words(self.prevent_qwds, question) and 'disease' in types:
```

```
        question_type = 'disease_prevent'
        question_types.append(question_type)
    #疾病医疗周期
    if self.check_words(self.lasttime_qwds, question) and 'disease' in types:
        question_type = 'disease_lasttime'
        question_types.append(question_type)
    #疾病治疗方式
    if self.check_words(self.cureway_qwds, question) and 'disease' in types:
        question_type = 'disease_cureway'
        question_types.append(question_type)
    #疾病治愈可能性
    if self.check_words(self.cureprob_qwds, question) and 'disease' in types:
        question_type = 'disease_cureprob'
        question_types.append(question_type)
    #疾病易感染人群
    if self.check_words(self.easyget_qwds, question) and 'disease' in types:
        question_type = 'disease_easyget'
        question_types.append(question_type)
    #若没有查到相关的外部查询信息,那么将该疾病的描述信息返回
    if question_types == [] and 'disease' in types:
        question_types = ['disease_desc']
    #若没有查到相关的外部查询信息,那么将该疾病的描述信息返回
    if question_types == [] and 'symptom' in types:
        question_types = ['symptom_disease']
    #将多个分类结果进行合并处理,组装成一个字典
    data['question_types'] = question_types
    return data
```

2. 问句解析

对问句进行解析,构建实体节点,并且得到问句相关的 SQL 查询语句。

（1）解析主函数

```
def parser_main(self, res_classify):
    args = res_classify['args']
    #问题中的相关词:类型-[词语列表]
    entity_dict = self.build_entitydict(args)
    question_types = res_classify['question_types']
    sqls = []
    for question_type in question_types:
        sql_ = {}
        sql_['question_type'] = question_type
        sql = []
        if question_type == 'disease_symptom':
```

```
            sql = self.sql_transfer(question_type, entity_dict.get('disease'))
        elif question_type == 'symptom_disease':
            sql = self.sql_transfer(question_type, entity_dict.get('symptom'))


        '''部分条件省略'''


        if sql:
            sql_['sql'] = sql
            sqls.append(sql_)


    return sqls
```

（2）针对不同的问题，分开进行处理

```
    def sql_transfer(self, question_type, entities):
        if not entities:
            return []
        #查询语句
        sql = []
        #查询疾病的原因
        if question_type == 'disease_cause':
            sql = ["MATCH (m:Disease) where m.name = '{0}' return m.name, m.cause".format(i)
for i in entities]
            #查询疾病的防御措施
        elif question_type == 'disease_prevent':
            sql = ["MATCH (m:Disease) where m.name = '{0}' return m.name, m.prevent".format(i)
for i in entities]
            #查询疾病的持续时间
        elif question_type == 'disease_lasttime':
            sql = ["MATCH (m:Disease) where m.name = '{0}' return m.name, m.cure_lasttime".
format(i) for i in entities]


        '''部分条件省略'''


        return sql
```

3. 知识图谱查询

将得到的 SQL 查询语句输入到 Neo4j 数据库进行查询，将查询得到的结果再套用相应的
回复模板得到最终回复。回复模板，如表 8-8 所示。

表 8-8 问句回复模板

问句类型	回复模板
疾病症状	XXX 的症状包括：
判断疾病	XXX 症状可能染上的疾病有：

问句类型	回复模板
疾病原因	XXX 可能的成因有:
预防措施	XXX 的预防措施包括:
疾病持续周期	XXX 治疗可能持续的周期为:
治疗方式	XXX 可以尝试以下治疗:
疾病治愈概率	XXX 治愈的概率为(仅供参考):
易感人群	XXX 的易感人群包括:
疾病描述	XXX,熟悉一下:
症状并发症	XXX 的症状包括:
禁忌食品	XXX 忌食的食物包括:
宜吃食品	XXX 宜吃的食物包括:推荐食谱:
食品不适合什么人群吃	患有 XXX 的人最好不要吃:
食品推荐什么人群吃	患有 XXX 的人建议多试试:
使用药物	XXX 通常使用的药品包括:
药物适合的人群	XXX 主治的疾病有 XXX,可以试试:
疾病如何检查出来	XXX 通常可以通过以下方式检查出来:
通过这项检查可以查出什么病	通常可以通过 XXX 检查出来的疾病有:

实现代码如下:

```
'''执行 cypher 查询,并返回相应结果'''
    def search_main(self, sqls):
        final_answers = []
        for sql_ in sqls:
            question_type = sql_['question_type']
            queries = sql_['sql']
            answers = []
            for query in queries:
                ress = self.g.run(query).data()
                answers += ress
            final_answer = self.answer_prettify(question_type, answers)
            if final_answer:
                final_answers.append(final_answer)
        return final_answers

    '''根据对应的 question_type,调用相应的回复模板'''
    def answer_prettify(self, question_type, answers):
        final_answer = []
        if not answers:
            return ''
```

```
if question_type == 'disease_symptom':
    desc = [i['n.name'] for i in answers]
    subject = answers[0]['m.name']
    final_answer = '{0}的症状包括:{1}'.format(subject, ';'.join(list(set(desc))[:self.num_limit]))

elif question_type == 'symptom_disease':
    desc = [i['m.name'] for i in answers]
    subject = answers[0]['n.name']
    final_answer = '症状{0}可能染上的疾病有:{1}'.format(subject, ';'.join(list(set(desc))[:self.num_limit]))

'''部分条件省略'''

return final_answer
```

8.4.3 交互界面设计

本系统的交互设计包括两个子模块:前端 Vue 框架和后端 Flask 框架。前端 Vue 框架在 template 部分设计前端展示模板,在 script 部分控制前端行为,与后端连接传送问句与答案,在 style 部分设计前端样式,保证网页的美观。后端 Flask 框架读取前端传过来的问句信息,调用问答模块的类与方法,得到问句的答案作为输出。

1. 前端界面设计

前端界面设计主要是设定网页内的元素并为每个元素指定样式,通过编写 App. vue 文件中的 template 部分和 style 部分的代码实现。网页包括头部栏、聊天内容框、热门问题选择、输入框四个部分,分别在不同层级的"div"中予以实现。

聊天内容框部分使用"v-if"判断输出内容为系统输出还是用户输入。若为系统输出内容,则先显示图标再显示内容框;若为用户输入内容,则先显示内容框再显示图标,打造出符合用户习惯的聊天框。

热门问题部分使用"el-button"设置四个按键。按键内容显示常见问题,为用户提供常见咨询问题快捷键的同时为用户提供系统内提问或咨询的常用方式。

输入框部分使用"el-input"定义的文本输入框及"el-button"定义发送按键,使用户可以在系统中输入并提交自己的问题。

设定以上全部元素后,在 style 部分对每个元素的样式进行设定,包括颜色、字体大小、字体样式、文本靠齐方式、元素排列方式、元素长度宽度等。最终实现的前端界面,如图 8-7 所示。

2. 行为交互实现

首先使用 Flask 框架实现后端交互代码。通过路由方法得到前端以表单形式提供的问句,调用问答系统模块类 ChatBotGraph()中 chat_main()方法得到问句对应的答案并进行返回。使用 CORS 模块解决跨域请求,后端访问端口号设置为 8088。

```
app = Flask(__name__)
app.debug = False
```

图 8-7　前端界面展示

```
bot = ChatBotGraph()

@app.route('/qa', methods = ["POST"])
def qa():
    data = request.get_data()
    print(data)
    # json_data = json.loads(data.decode("utf-8"))
    json_data = json.loads(data)
    sent = json_data["sent"]
    ans = bot.chat_main(sent)
    res = {"text": ans, "code": 200}
    return jsonify(res)


if __name__ == '__main__':
    CORS(app, supports_credentials = True)
    app.run(host = '0.0.0.0', port = 8088, debug = False)  # 这里指定了地址和端口号。
```

编写 App.vue 文件中，script 部分的代码实现前端交互代码。在 data 部分中，定义后端服务器 IP 地址、端口号、回答内容、聊天内容列表。在方法部分，定义 goButtom 与 sendMessage 两个函数，其中 goButtom 函数定义了用户提交问题时系统的行为，调用 sendMessage 函数连接系统前后端并进行信息传递。

```
<script>
import axios from 'axios'
import { Button, Input, Avatar } from 'element-ui'
```

```
export default {
  name: 'App',
  components: {
    'el-button': Button,
    'el-input': Input,
    'el-avatar': Avatar
  },
  data () {
    return {
      ip: '10.112.57.93',
      port: '8088',
      text: '',
      chatList: [
        {
          text: '您好,我是小健～请问有什么可以帮到您吗？',
          prop: true
        }
      ]
    }
  },
  methods: {
    sendMessage: async function (val) {
      if (val == = '') {
        return
      }
      const data = {
        text: val,
        prop: false
      }
      this.chatList.push(data)
      this.text = ''

      const url = 'http://' + this.ip + ':' + this.port + '/qa'
      const postData = {
        sent: data.text
      }
      const res = await axios.post(url, JSON.stringify(postData), {
        headers: {
          'Content-Type': 'application/json'
        }
      })
      const response = {
        text: res.data.text,
```

```
      prop: true
    }
    this.chatList.push(response)
  },
  goButtom: function (val) {
    this.sendMessage(val).then(() => {
      const chatBox = this.$refs.chatBox
      chatBox.scrollTop = chatBox.scrollHeight - chatBox.clientHeight
    })
  }
 }
}
</script>
```

医药问答—视频 1

当用户用鼠标点击热门问题按钮,在文本输入框内输入内容,并点回车键或点击发送按钮时,会被确定为用户提交了问题,此刻 goButtom 函数被调用。具体工作流程是,首先调用 sendMessage 函数,通过“axios. post”为后端提供用户输入问题,得到后端返回的答案,然后将问题与答案添加至聊天内容列表中,更新网页聊天内容框部分,将当前对话进行显示。

8.5　性能评估和模型拓展

本项目通过网上抓取的问答数据、医药数据、病症数据,从无到有构建了一个以疾病为中心的医药知识图谱。再以该医药知识图谱为数据基础,构建了医药相关的智能问答系统。模型能够流利回答医药相关问题,响应及时,鲁棒性好。

未来模型的拓展工作可能有:可以进一步扩展外部知识库,可以进一步降低算法复杂度,将项目推广到多平台上,如微信小程序、APP 等。

思考题:

1. 编写爬虫程序实现相关数据的爬取,并构建知识图谱。
2. 为问答系统实现手机端 APP 应用界面。

医药问答—视频 2

第 9 章

基于 ModelArts 的命名实体识别

命名实体是指文本语料中具有特定意义的实体,例如,人名、地名、组织机构名、时间、数字等专用名词。命名实体识别(Named Entity Recognition,NER)是信息提取、问答系统、句法分析、机器翻译等应用领域的重要基础工具,在自然语言处理技术走向实用化的过程中占有重要地位。

命名实体识别
—课件

命名实体识别可以看作是一个序列数据的标注问题。输入的是词序列,输出的是实体的边界标注以及类别信息。

本章采用双向循环神经网络提取文本的语义特征,在深度神经网络的最后一层采用条件随机场(Conditional Random Fields,CRF)来实现序列标注。

在此基础上,本章内容还重点关注如何把训练好的模型部署到华为云,通过云计算为用户提供服务。

9.1 项目分析和设计

9.1.1 需求分析

命名实体识别是一个序列数据的标注问题。输入的是文本的字、词序列,输出的是人名、地名、组织机构名等实体的边界标注,标注标记举例,如表 9-1 所示。

表 9-1 标注标记举例

	标注标记	含义
1	B-LOC	地名开始位置
2	I-LOC	地名中间字
3	B-ORG	组织名开始位置
4	I-ORG	组织名中间字
5	B-PER	人名开始位置
6	I-PER	人名中间字
7	O	与实体无关的其他位置

如果采用有监督学习算法,需要训练语料具有标注信息,项目选用微软亚洲研究院标注好的公开数据集。

模型训练后,可以使用测试语料验证模型和算法的性能。当性能达到应用指标后,再讨论部署问题。本项目使用 BiLSTM+CRF 实现中文命名实体识别,首先进行模型训练和测试,然后部署到华为云,作为 ModelArts 的一个模型,最后通过云计算调用实现应用目标。

9.2　基础知识补充

9.2.1　CRF

1. 基于 CRF 的命名实体识别方法

McCallum 等于 2003 年最先将条件随机场模型用于命名实体识别。由于该方法简便易行,而且可以获得较好的性能,因此受到业界青睐,已被广泛地应用于人名、地名和组织机构等各种类型命名实体的识别,并在具体应用中不断得到改进,可以说是命名实体识别中最成功的方法。

基于 CRF 的命名实体识别方法属于有监督的学习方法,因此,需要利用已标注的大规模语料对 CRF 模型的参数进行训练。

在训练阶段,首先需要将文本语料标注成适用于命名实体识别的标记。接下来要做的事情是确定特征函数。特征函数一般采用当前位置的前后 $n(n{\geqslant}1)$ 个位置上的字(或词、字母、数字、标点等,不妨统称为“字串”)及其标记表示,即以当前位置的前后 n 个位置范围内的字串及其标记作为观察窗口。如果窗口开得较大时,算法的执行效率会太低,而且函数的通用性较差,但窗口太小时,所涵盖的信息量又太少,不足以确定当前位置上字串的标记,因此,一般情况下将 n 值取为 1~2,即以当前位置前后 1~2 个位置上的字串及其标记作为构成特征函数的符号。

CRF 试图对多个变量在给定观测值后的条件概率进行建模。若令 $\boldsymbol{x}=\{x_1,x_2,\cdots,x_T\}$ 为观测序列,$\boldsymbol{y}=\{y_1,y_2,\cdots,y_T\}$ 为与之对应的标记序列,则 CRF 的目标是构建条件概率模型 $p(\boldsymbol{y}|\boldsymbol{x})$。

选择指数势函数并引入特征函数,条件概率可以定义为公式(9-1)。

$$p(\boldsymbol{y} \mid \boldsymbol{x}) = \frac{1}{Z(\boldsymbol{x})}\exp\Big(\sum_j\sum_{t=2}^T\lambda_j f_j(y_{t-1},y_t,\boldsymbol{x},t) + \sum_k\sum_{t=1}^T\mu_k s_k(y_t,\boldsymbol{x},t)\Big) \tag{9-1}$$

其中 $f_j(y_{t-1},y_t,\boldsymbol{x},t)$ 是定义在观测序列的两个相邻标记位置上的转移特征函数,用于刻画相邻标记变量之间的相关关系以及观测序列对它们的影响,$s_k(y_t,\boldsymbol{x},t)$ 是定义在观测序列的标记位置 t 上的状态特征函数,用于刻画观测序列对标记变量的影响,λ_j, μ_k 是权重参数,$Z(\boldsymbol{x})$ 是概率归一化因子。通常,特征函数取值为 1 或 0:当满足特征条件时取值为 1,否则为 0。条件随机场完全由特征函数和权重确定。

为了简化表达,可以把两类特征函数统一表示为 $f_k(y_{t-1},y_t,\boldsymbol{x},t)$,定义 $f_k(\boldsymbol{y},\boldsymbol{x}) = \sum_{t=1}^T f_k(y_{t-1},y_t,\boldsymbol{x},t)$,$k=1,2,\cdots,K$,模型一共有 K 个特征函数,把两类权值 λ_k 和 μ_k 统一表示为 w_k。那么模型可以表示为公式(9-2)。

$$p(\boldsymbol{y} \mid \boldsymbol{x},\boldsymbol{w}) = \frac{1}{Z(\boldsymbol{x},\boldsymbol{w})}\exp\Big(\sum_k w_k f_k(\boldsymbol{y},\boldsymbol{x})\Big) \tag{9-2}$$

其中,概率归一化因子 $Z(\boldsymbol{x},\boldsymbol{w}) = \sum_{y} \exp\left(\sum_{k} w_k f_k(\boldsymbol{y},\boldsymbol{x}) \right)$。

特征函数确定以后,剩下的工作就是训练 CRF 模型参数 λ。限于篇幅,具体求解算法在这里就不讨论了。

9.2.2　BiLSTM

命名实体识别问题的关键是试图充分发现和利用实体所在的上下文特征和实体的内部特征,只不过特征的颗粒度有大有小。基于 CRF 的中文命名实体识别,一般先通过分词、语法解析等工具包,得到分词和词性信息,作为 CRF 的输入。事实上,CRF 也常用于分词,所以使用 CRF 进行命名实体识别的另一种思路是,直接对汉字序列进行命名实体识别。

采用工具包进行预处理,可以帮助命名实体识别提高性能,这样的工具包可以看作是专家系统。那么直接对汉字序列进行实体识别,缺少分词结果、语法解析的信息,怎么保证性能呢?这里我们采用深度神经网络来代替,同时还可以学习到潜在的语义信息。循环神经网络 RNN 适用于处理序列数据,这里我们选用双向 LSTM(BiLSTM),它是 RNN 的一种结构,在第 2 章有介绍,这里就不再赘述。BiLSTM+CRF 模型,如图 9-1 所示。

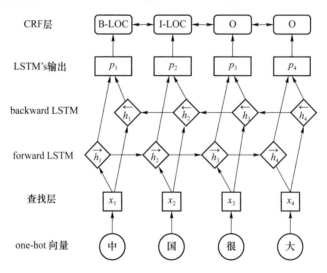

图 9-1　BiLSTM+CRF 模型

第一层:查找层。目的是将每个字符表示从一个独热向量转换为字符嵌入。可引入已训练好的词向量(Word Embedding)

第二层:BiLSTM 层。可以有效地利用过去和将来的输入信息,自动提取特征。

第三层:CRF 层。为一个句子中的每个字符标记标签。如果使用一个 Softmax 层来标记,可能会得到非编码的标签序列,因为 Softmax 层独立地标记每个位置。我们知道"I-LOC 不能跟随 B-PER",但 Softmax 不知道。与 Softmax 相比,CRF 层可以使用句子级标签信息,并对每两个不同标签的转换行为进行建模。

9.2.3　ModelArts

ModelArts 是一个面向人工智能开发者的一站式开发平台,它提供海量数据预处理及半自动化标注、大规模分布式训练、自动化模型生成,以及端-边-云模型按需部署的能力,帮助用户快速创建和部署模型,管理全周期人工智能工作流。

ModelArts 的基本功能包括:

(1) 数据治理。支持数据筛选、标注等数据处理,提供数据集版本管理。

(2) 极"快"至"简"的模型训练。自研的 MoXing 深度学习框架,更高效更易用。

(3) 云-边-端协同计算。支持模型部署到多种生产环境。

(4) 自动学习。用户不需编写代码即可完成自动建模、一键部署。

(5) 可视化工作流。自动实现工作流和版本演进关系可视化,进而实现模型溯源。

(6) 人工智能应用。预置常用算法和常用数据集,支持模型在企业内部共享或者公开共享。

虽然 ModelArts 设计很全面,但是在应用开发中,如果需要一个平台但没有提供合适的模型,则需要自己进行模型训练和测试,不过利用平台,开发和部署也很方便。

ModelArts 面向不同开发者,分为如下几种类型:

(1) 零基础建模。面向有人工智能应用诉求,但无人工智能开发能力,不熟悉人工智能开发语言框架,无法自己建模的业务开发者。

(2) 快速建模。面向人工智能初学者,具备基础人工智能能力,缺乏完整人工智能开发能力,能够使用常用人工智能开发框架和开源工具进行简单模型创建。

(3) 标准模型开发。支持深度学习和传统机器学习的自定义模型开发和部署。本项目采用此模式进行开发,流程如图 9-2 所示。

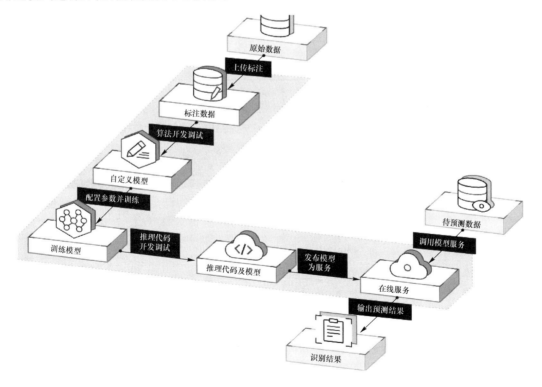

图 9-2　ModelArts 模型开发过程

9.3　数据处理

数据集采用微软亚洲研究院的开源数据，数据标注格式如下：

```
中    B-LOC
国    I-LOC
很    O
大    O

句    O
子    O
结    O
束    O
是    O
空    O
行    O
```

数据集大小统计，如表 9-2 所示。

表 9-2　数据集大小

	句子总数	人名数量	地名数量	组织机构数量
训练集	46 364	17 651	36 517	20 571
测试集	4 365	1 973	2 877	1 331

华为云是华为的云服务品牌，致力于为全球客户提供领先的公有云服务，为用户提供云服务器、云数据库、云存储、大数据、云安全等公有云产品和电商、金融、游戏等多种解决方案。

图 9-3　华为云

华为云的对象存储服务（Object Storage Service，OBS）是一个基于对象的海量存储服务，为客户提供海量、安全、高可靠、低成本的数据存储能力。OBS 系统和单个桶都没有总数据容量和对象/文件数量的限制,为用户提供了超大存储容量的能力,适合存放任意类型的文件,适合普通用户、网站、企业和开发者使用。OBS 是一项面向 Internet 访问的服务,提供了基于 HTTP/HTTPS 协议的 Web 服务接口,用户可以随时随地连接到 Internet 的电脑上,通过 OBS 管理控制台或各种 OBS 工具去访问和管理存储在 OBS 中的数据。此外,OBS 支持 SDK 和 OBS API 接口,可使用户方便管理自己存储在 OBS 上的数据,以及开发多种类型的上层业务应用。华为云在全球多区域部署了 OBS 基础设施,具备了高度的可扩展性和可靠性,用户可根据自身需要指定区域使用 OBS,由此让用户获得更快的访问速度和实惠的服务价格。

本项目要把应用部署到华为云,这里就先把训练数据上传到云端,操作过程如下:

（1）在 ModelArts 首页右上角点击进入账号中心。

（2）进入"账号中心",点击"我的凭证"。

（3）按图 9-4 所示顺序依次点击:

"管理访问密钥"——"新增访问密钥"——"输入登录密码和验证码"——"确定"。

图 9-4 的彩图

（4）密码输入正确后,系统会自动下载密钥文件,打开密钥文件,文件格式与内容,如图 9-5 所示。

图 9-4　访问密钥

图 9-5　密钥文件

（5）按顺序依次选择"产品"——"基础服务"——"对象存储服务 OBS"。

（6）进入 OBS 首页,点击"管理控制台",如图 9-6 所示。

（7）点击"创建桶"。

（8）输入桶名称,点击"立即创建"。

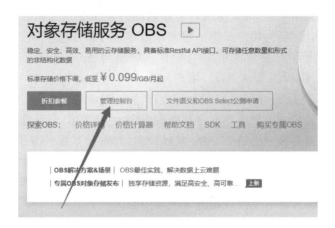

图 9-6　管理控制台

（9）进入创建的桶内，依次点击"对象"——"新建文件夹"——输入文件夹名称——"确定"，如图 9-7 所示。

图 9-7　创建文件夹

图 9-8 的彩图

（10）进入新建文件夹 obs-data 内，依次点击"上传对象"——"…"——将④所示的三个文件依次上传，如图 9-8 所示。

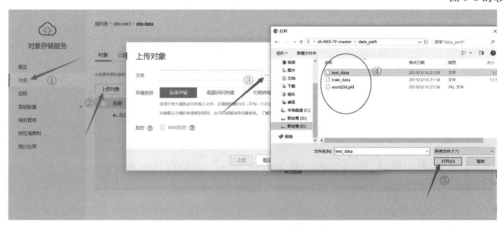

图 9-8　上传文件

如图 9-9 所示为文件上传完成。

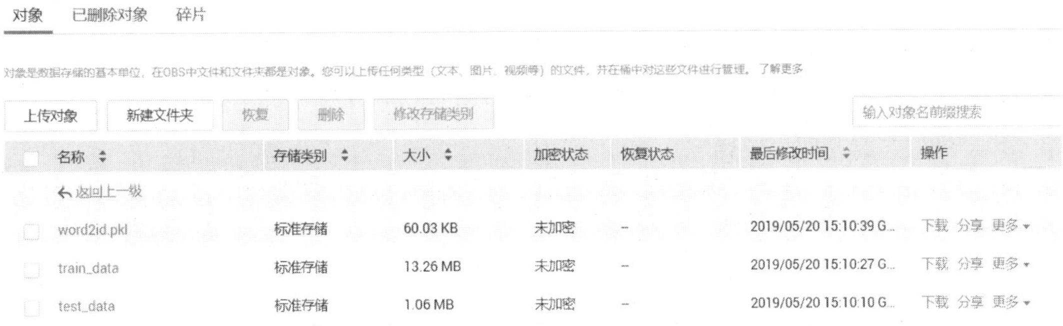

对象
已删除对象
碎片
对象是数据存储的基本单位，在OBS中文件和文件夹都是对象。您可以上传任何类型（文本、图片、视频等）的文件，并在桶中对这些文件进行管理。了解更多
上传对象
新建文件夹
恢复
删除
修改存储类别
输入对象名前缀搜索
名称
存储类别
大小
加密状态
恢复状态
最后修改时间
操作
返回上一级
word2id.pkl 标准存储 60.03 KB 未加密 -- 2019/05/20 15:10:39 G... 下载 分享 更多
train_data 标准存储 13.26 MB 未加密 -- 2019/05/20 15:10:27 G... 下载 分享 更多
test_data 标准存储 1.06 MB 未加密 -- 2019/05/20 15:10:10 G... 下载 分享 更多

图 9-9　文件上传完成

(11) 授权给 ModelArts 使用，如图 9-10 所示。

华为云
服务列表
①
②
迁移
EI 企业智能
ModelArts
企业应用
物联网
管理与部署
应用服务
云通信
视频

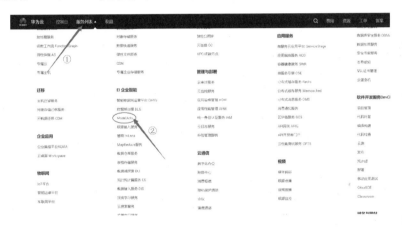

图 9-10　选择 ModelArts

(12) 依次点击“全局配置”——“添加访问密钥”——输入 AK 和 SK——“确定”，如图 9-11 所示。

华为云
ModelArts
全局配置
添加访问密钥
③ 分别输入密钥文件里的AK和SK
访问密钥（AK）
私有访问密钥（SK）
确定
取消
①
②
④

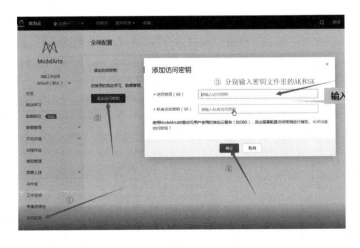

图 9-11　授权 ModelArts

9.4 算 法 实 现

命名实体识别—代码

模型代码按照图 9-1 的结构编写,请参考本书附带的程序源码。下面的代码展示模型的训练和测试过程。

```python
import tensorflow as tf
import numpy as np
import os, argparse, time, random
from model import BiLSTM_CRF
from utils import str2bool, get_logger, get_entity
from data import read_corpus, read_dictionary, tag2label, random_embedding


## Session configuration
os.environ['CUDA_VISIBLE_DEVICES'] = '0'
os.environ['TF_CPP_MIN_LOG_LEVEL'] = '2'  # default: 0
config = tf.ConfigProto()
config.gpu_options.allow_growth = True
config.gpu_options.per_process_gpu_memory_fraction = 0.2   # need ~700MB GPU memory


## hyperparameters
parser = argparse.ArgumentParser(description='BiLSTM-CRF for Chinese NER task')
parser.add_argument('--train_data', type=str, default='data_path', help='train data source')
parser.add_argument('--test_data', type=str, default='data_path', help='test data source')
parser.add_argument('--batch_size', type=int, default=64, help='# sample of each minibatch')
parser.add_argument('--epoch', type=int, default=40, help='# epoch of training')
parser.add_argument('--hidden_dim', type=int, default=300, help='# dim of hidden state')
parser.add_argument('--optimizer', type=str, default='Adam', help='Adam/Adadelta/Adagrad/
RMSProp/Momentum/SGD')
parser.add_argument('--CRF', type=str2bool, default=True, help='use CRF at the top layer. if
False, use Softmax')
parser.add_argument('--lr', type=float, default=0.001, help='learning rate')
parser.add_argument('--clip', type=float, default=5.0, help='gradient clipping')
parser.add_argument('--dropout', type=float, default=0.5, help='dropout keep_prob')
parser.add_argument('--update_embedding', type=str2bool, default=True, help='update embedding
during training')
parser.add_argument('--pretrain_embedding', type=str, default='random', help='use pretrained
char embedding or init it randomly')
parser.add_argument('--embedding_dim', type=int, default=300, help='random init char embedding
_dim')
parser.add_argument('--shuffle', type=str2bool, default=True, help='shuffle training data
before each epoch')
```

```
    parser.add_argument('--mode', type = str, default ='demo', help ='train/test/demo')
    parser.add_argument('--demo_model', type = str, default ='1521112368', help ='model for test and
demo')
    args = parser.parse_args()

    # # get char embeddings
    word2id = read_dictionary(os.path.join('.', args.train_data, 'word2id.pkl'))
    if args.pretrain_embedding == 'random':
        embeddings = random_embedding(word2id, args.embedding_dim)
    else:
        embedding_path = 'pretrain_embedding.npy'
        embeddings = np.array(np.load(embedding_path), dtype ='float32')

    # # read corpus and get training data
    if args.mode != 'demo':
        train_path = os.path.join('.', args.train_data, 'train_data')
        test_path = os.path.join('.', args.test_data, 'test_data')
        train_data = read_corpus(train_path)
        test_data = read_corpus(test_path); test_size = len(test_data)

    # # paths setting
    paths = {}
    timestamp = str(int(time.time())) if args.mode == 'train' else args.demo_model
    output_path = os.path.join('.', args.train_data + "_save", timestamp)
    if not os.path.exists(output_path): os.makedirs(output_path)
    summary_path = os.path.join(output_path, "summaries")
    paths['summary_path'] = summary_path
    if not os.path.exists(summary_path): os.makedirs(summary_path)
    model_path = os.path.join(output_path, "checkpoints/")
    if not os.path.exists(model_path): os.makedirs(model_path)
    ckpt_prefix = os.path.join(model_path, "model")
    paths['model_path'] = ckpt_prefix
    result_path = os.path.join(output_path, "results")
    paths['result_path'] = result_path
    if not os.path.exists(result_path): os.makedirs(result_path)
    log_path = os.path.join(result_path, "log.txt")
    paths['log_path'] = log_path
    get_logger(log_path).info(str(args))

    # # training model
    if args.mode == 'train':
        model = BiLSTM_CRF(args, embeddings, tag2label, word2id, paths, config = config)
        model.build_graph()
```

```python
        ## hyperparameters-tuning, split train/dev
        # dev_data = train_data[:5000]; dev_size = len(dev_data)
        # train_data = train_data[5000:]; train_size = len(train_data)
        # print("train data: {0}\ndev data: {1}".format(train_size, dev_size))
        # model.train(train = train_data, dev = dev_data)

        ## train model on the whole training data
        print("train data: {}".format(len(train_data)))
        model.train(train = train_data, dev = test_data)    # use test_data as the dev_data to see
overfitting phenomena

    ## testing model
    elif args.mode == 'test':
        ckpt_file = tf.train.latest_checkpoint(model_path)
        print(ckpt_file)
        paths['model_path'] = ckpt_file
        model = BiLSTM_CRF(args, embeddings, tag2label, word2id, paths, config = config)
        model.build_graph()
        print("test data: {}".format(test_size))
        model.test(test_data)

    ## demo
    elif args.mode == 'demo':
        ckpt_file = tf.train.latest_checkpoint(model_path)
        print(ckpt_file)
        paths['model_path'] = ckpt_file
        model = BiLSTM_CRF(args, embeddings, tag2label, word2id, paths, config = config)
        model.build_graph()
        saver = tf.train.Saver()
        with tf.Session(config = config) as sess:
            print('== == == == == == = demo == == == == == == == =')
            saver.restore(sess, ckpt_file)
            while(1):
                print('Please input your sentence:')
                demo_sent = input()
                if demo_sent == '' or demo_sent.isspace():
                    print('See you next time! ')
                    break
                else:
                    demo_sent = list(demo_sent.strip())
                    demo_data = [(demo_sent, ['O'] * len(demo_sent))]
                    tag = model.demo_one(sess, demo_data)
                    PER, LOC, ORG = get_entity(tag, demo_sent)
                    print('PER: {}\nLOC: {}\nORG: {}'.format(PER, LOC, ORG))
```

9.5　应用部署

在模型设计、实现后,要把应用部署到华为云平台,这样可以方便地为用户提供服务。

9.5.1　开发环境的创建与调测

设置步骤如下:

(1) 创建 NoteBook,如图 9-12 所示。

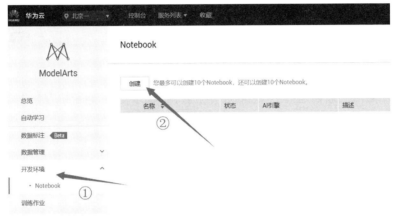

图 9-12　创建 NoteBook

图 9-13 的彩图

(2) 进行 NoteBook 设置,如图 9-13 所示。

图 9-13　NoteBook 的配置

(3) 点击"确定",然后单击"下一步",进入确认页面,如图 9-14 所示。

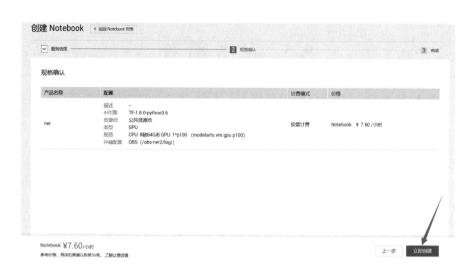

图 9-14　确认设置

（4）列表中可看到新创建的 Notebook 作业，等待状态变为"运行中"时，点击"ner"作业名称，如图 9-15 所示。

图 9-15　创建 NoteBook 作业

（5）进入 Notebook，上传图 9-16 所示的五个 py 文件。

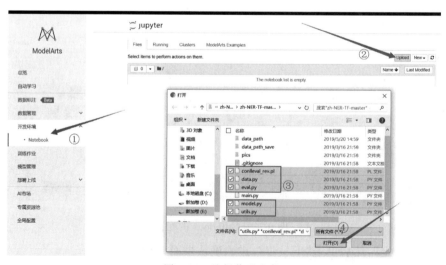

图 9-16　选择作业文件

（6）依次点击"upload"，如图 9-17 所示。

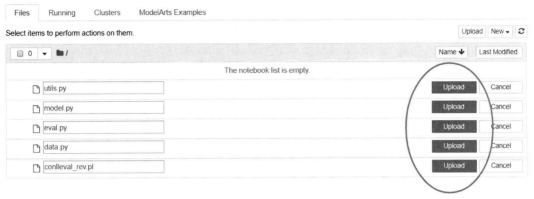

图 9-17　上传作业文件

（7）点击"New"，选择"Python3"，新建一个代码文件 main，如图 9-18 所示。

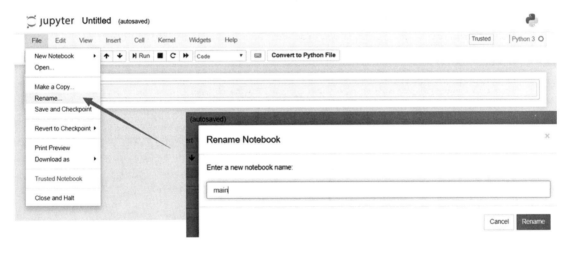

图 9-18　新建作业文件

（8）把 main.py 的代码复制粘贴进来，并进行如图 9-19 所示的修改。

（9）修改完毕之后，在运行代码之前，需要在图 9-20 中选中所有文件，点击"Sync OBS"，方能进行文件间的调用。

（10）再次进入 main.ipynb 内，如图 9-21 所示依次点击运行代码。

（11）代码运行成功无误之后，将 main.ipynb 转换为 main.py，并下载 main.py，如图 9-22 所示。

（12）在桶内新建"obs-codes"文件夹，将代码上传到这个文件夹内。特别注意的是，此处的 main.py 是在 Notebook 中修改后下载的那个文件，如图 9-23 所示。

```
In [ ]: import tensorflow as tf
        import numpy as np
        import os, argparse, time, random
        from model import BiLSTM_CRF
        from utils import str2bool, get_logger, get_entity
        from data import read_corpus, read_dictionary, tag2label, random_embedding

        import moxing as mox

        _S3_SECRET_ACCESS_KEY = (os.environ.get('SECRET_ACCESS_KEY', None)
                     or os.environ.get('S3_SECRET_ACCESS_KEY', None)
                     or os.environ.get('AWS_SECRET_ACCESS_KEY', None))
        _S3_ACCESS_KEY_ID = (os.environ.get('ACCESS_KEY_ID', None)
                     or os.environ.get('S3_ACCESS_KEY_ID', None)
                     or os.environ.get('AWS_ACCESS_KEY_ID', None))

        mox.file.set_auth(ak=_S3_ACCESS_KEY_ID, sk=_S3_SECRET_ACCESS_KEY)

        mox.file.shift('os', 'mox')
```

添加代码
此段代码通过使用环境变量AK和
SK从OBS读取和写入数据

```
## Session configuration
os.environ['CUDA_VISIBLE_DEVICES'] = '0'
os.environ['TF_CPP_MIN_LOG_LEVEL'] = '2'  # default: 0
config = tf.ConfigProto()
config.gpu_options.allow_growth = True
config.gpu_options.per_process_gpu_memory_fraction = 0.2  # need ~700MB GPU memory

## hyperparameters
parser = argparse.ArgumentParser(description='BiLSTM-CRF for Chinese NER task')
parser.add_argument('--train_data', type=str, default='data_path', help='train data source')
```

```
config.gpu_options.per_process_gpu_memory_fraction = 0.2  # need ~700MB GPU memory

data_url = "s3://obs-ner2/obs-data"
save_url = "s3://obs-ner2/obs-save"
## hyperparameters
parser = argparse.ArgumentParser(description='BiLSTM-CRF for Chinese NER task')
parser.add_argument('--train_data', type=str, default=data_url, help='train data source')
parser.add_argument('--test_data', type=str, default=data_url, help='test data source')
parser.add_argument('--save_data', type=str, default=save_url, help='save path')
parser.add_argument('--batch_size', type=int, default=64, help='#sample of each minibatch')
parser.add_argument('--epoch', type=int, default=2, help='#epoch of training')
parser.add_argument('--hidden_dim', type=int, default=300, help='#dim of hidden state')
parser.add_argument('--optimizer', type=str, default='Adam', help='Adam/Adadelta/Adagrad/RMSProp/Momentum/SGD')
parser.add_argument('--CRF', type=str2bool, default=True, help='use CRF at the top layer. if False, use Softmax')
parser.add_argument('--lr', type=float, default=0.001, help='learning rate')
parser.add_argument('--clip', type=float, default=5.0, help='gradient clipping')
parser.add_argument('--dropout', type=float, default=0.5, help='dropout keep_prob')
parser.add_argument('--update_embedding', type=str2bool, default=True, help='update embedding during training')
parser.add_argument('--pretrain_embedding', type=str, default='random', help='use pretrained char embedding or init it randomly')
parser.add_argument('--embedding_dim', type=int, default=300, help='random init char embedding_dim')
parser.add_argument('--shuffle', type=str2bool, default=True, help='shuffle training data before each epoch')
parser.add_argument('--mode', type=str, default='train', help='train/test')
parser.add_argument('--demo_model', type=str, default='1112368', help='model for test and demo')
args, unparsed = parser.parse_args()
```

① 添加data_url和save_url
data_url：数据在OBS中的存储路径
save_url：模型在OBS中的输出路径

② 将参数中训练数据和测试数据的
默认路径修改为data_url

③ 新增参数save_data，将其默认
值设为save_url

④ 默认模式设为"train"

```
## paths setting
paths = {}
timestamp = str(int(time.time())) if args.mode == 'train' else args.demo_model
output_path = os.path.join(args.save_data)
if not os.path.exists(output_path): os.makedirs(output_path)
summary_path = os.path.join(output_path, "summaries")
paths['summary_path'] = summary_path
if not os.path.exists(summary_path): os.makedirs(summary_path)
model_path = os.path.join(output_path, "c_p/")
if not os.path.exists(model_path): os.makedirs(model_path)
ckpt_prefix = os.path.join(model_path, "model")
paths['model_path'] = ckpt_prefix
result_path = os.path.join(output_path, "results")
paths['result_path'] = result_path
if not os.path.exists(result_path): os.makedirs(result_path)
log_path = os.path.join(result_path, "log.txt")
paths['log_path'] = log_path
get_logger(log_path).info(str(args))
```

⑤ 相应地，把输出路径进行修改

⑥ 由于平台会自动忽略名
为"checkpoints"的文件
夹，需要换一个名称，本例
改为"c_p"

图 9-19　修改 main 文件

图 9-20　同步到 OBS

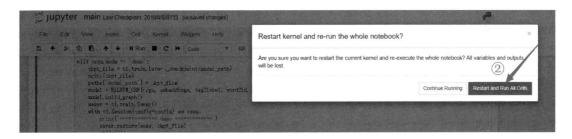

图 9-21　运行 main

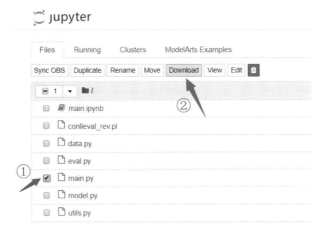

图 9-22　下载 main

图 9-23　上传代码文件

9.5.2　云平台模型训练

训练步骤如下：

（1）创建训练作业，如图 9-24 所示。

图 9-24　创建训练作业

（2）按照图 9-25 和图 9-26 所示的顺序进行设置。

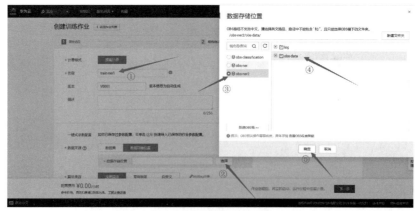

图 9-25　设置训练作业

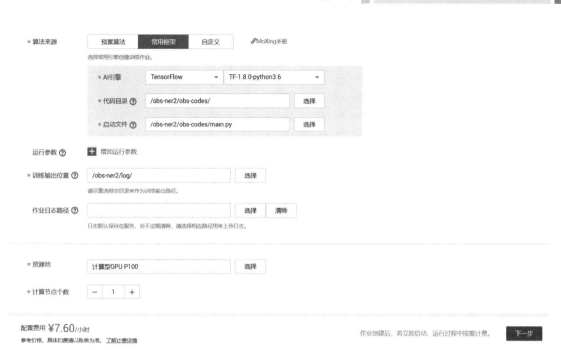

图 9-26　创建训练作业

（3）确认设置信息，如图 9-27 和图 9-28 所示。

图 9-27　确认训练作业设置

图 9-28　创建训练作业完成

（4）点击"查看作业详情"，然后点击"创建 TensorBoard"，如图 9-29 所示。

图 9-29　创建 TensorBoard

（5）按图 9-30 所示创建设置。

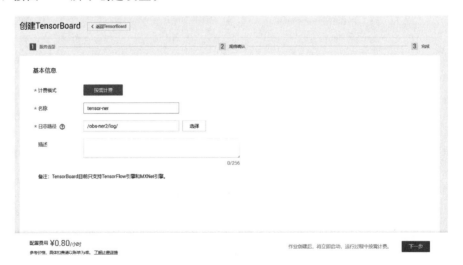

图 9-30　TensorBoard 设置

（6）点击"下一步"，在完成时，点击"返回 TensorBoard"，作业正在初始化，如图 9-31 所示。

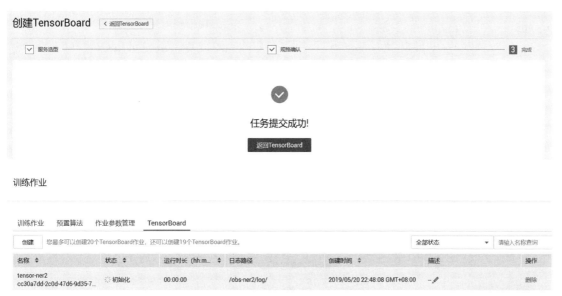

图 9-31　作业初始化

图 9-31　作业初始化

（7）初始化完成后，点击作业名称进入 TensorBoard 界面，可在此观察模型结构，如图 9-32 所示。

图 9-32 的彩图

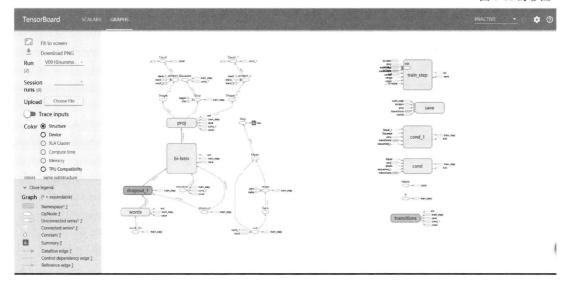

图 9-32　查看模型

9.5.3　模型管理和部署

通常模型的一些元信息包括模型的输入输出规范、推理引擎类型等参数，都没有包含在模型文件中，因此，在部署前我们需要将模型文件和元信息组织为一个应用。

模型管理要求：在 obs-ner2 桶内新建 ocr 文件夹，再在 ocr 内新建 model 文件夹，model 文件夹内至少有如图 9-33 所示的结构。

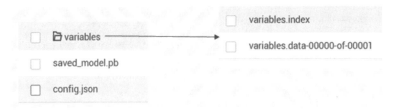

图 9-33　文件夹结构

步骤如下：

（1）在前面模型训练成功之后，在 obs-ner2/obs-log/c_p 的文件夹内会生成如图 9-34 所示的 4 个文件。

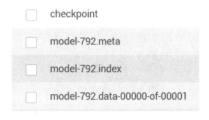

图 9-34　checkpoint 文件夹中生成的 4 个文件

（2）通过 convert_ckpt_to_pb.py，把上述 4 个文件生成 frozen_model.pb 文件。文件夹打包，如图 9-35 所示。

图 9-35　文件夹打包

在运行之前先将 convert_ckpt_to_pb.py 代码进行如图 9-36 所示的修改。

```python
import tensorflow as tf
#from create tf_record import *
from tensorflow.python.framework import graph_util

def freeze_graph(input_checkpoint, output_graph):
    '''
    :param input_checkpoint:
    :param output_graph: PB模型保存路径
    :return:
    '''
    #checkpoint = tf.train.get_checkpoint_state(model_folder) #检查目录下ckpt文件状态是否可用
    #input_checkpoint = checkpoint.model_checkpoint_path #得ckpt文件路径

    # 指定输出的节点名称，该节点名称必须是原模型中存在的节点
    # 直接用最后输出的节点，可以在tensorboard中查找到，tensorboard只能在Linux中使用
    output_node_names = "cond/sub"
    saver = tf.train.import_meta_graph(input_checkpoint + '.meta', clear_devices=True)
    graph = tf.get_default_graph() # 获得默认的图
    input_graph_def = graph.as_graph_def()    # 返回一个序列化的图代表当前的图

    with tf.Session() as sess:
        saver.restore(sess, input_checkpoint) # 恢复图并得到数据
        output_graph_def = graph_util.convert_variables_to_constants(   # 模型持久化，将变量值固定
            sess=sess,
            input_graph_def=input_graph_def, # 等于:sess.graph_def
            output_node_names=output_node_names.split(","))# 如果有多个输出节点，以逗号隔开

        with tf.gfile.GFile(output_graph, "wb") as f: # 保存模型
            f.write(output_graph_def.SerializeToString()) # 序列化输出
        print("%d ops in the final graph." % len(output_graph_def.node)) # 得到当前图有几个操作节点

# input_checkpoint = 'inceptionv1/model.ckpt-0'
# out_pb_path= 'inceptionv1/frozen_model.pb'

input_checkpoint='c_p/model-792'
out_pb_path='c_p/frozen_model.pb'
freeze_graph(input_checkpoint, out_pb_path)
```

图 9-36　修改打包设置

生成了 frozen_model.pb，如图 9-37 所示。

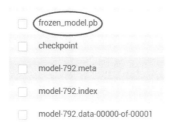

图 9-37　已打包

（3）再通过 saved_model.ipynb 将 frozen_model.pb 生成 saved_model.pb 文件和 variables 文件夹，在运行之前先将 saved_model.ipynb 代码进行如图 9-38 所示的修改。

（4）编写配置文件 config.json，该文件描述模型用途、推理计算引擎、模型精度、推理代码依赖包及模型对外接口，如图 9-39、9-40 所示。

```
In [1]: import tensorflow as tf
        import numpy as np
        import os, argparse, time, random
        import zipfile
        import moxing as mox
        import logging
        _S3_SECRET_ACCESS_KEY = (os.environ.get('SECRET_ACCESS_KEY', None)
                                or os.environ.get('S3_SECRET_ACCESS_KEY', None)
                                or os.environ.get('AWS_SECRET_ACCESS_KEY', None))
        _S3_ACCESS_KEY_ID = (os.environ.get('ACCESS_KEY_ID', None)
                                or os.environ.get('S3_ACCESS_KEY_ID', None)
                                or os.environ.get('AWS_ACCESS_KEY_ID', None))

        mox.file.set_auth(ak=_S3_ACCESS_KEY_ID, sk=_S3_SECRET_ACCESS_KEY)
        mox.file.shift('os', 'mox')

        from tensorflow.python.saved_model import signature_constants
        from tensorflow.python.saved_model import tag_constants
```

```
In [2]: export_dir = 's3://obs-ner2/ocr/model'
        graph_pb = 's3://obs-ner2/obs-data_save/c_p/frozen_model.pb'

        builder = tf.saved_model.builder.SavedModelBuilder(export_dir)

        with tf.gfile.GFile(graph_pb, "rb") as f:
            graph_def = tf.GraphDef()
            graph_def.ParseFromString(f.read())

        sigs = {}

        with tf.Session(graph=tf.Graph()) as sess:
            # name="" is important to ensure we don't get spurious prefixing
            tf.import_graph_def(graph_def, name="")
            g = tf.get_default_graph()
            name_g = g.get_operations()
            print(name_g)
            inp = g.get_tensor_by_name("dropout:0")
            out = g.get_tensor_by_name("cond/sub:0")

            sigs[signature_constants.DEFAULT_SERVING_SIGNATURE_DEF_KEY] = \
            tf.saved_model.signature_def_utils.predict_signature_def(
                {"in": inp}, {"out": out})

            builder.add_meta_graph_and_variables(sess,
                                                [tag_constants.SERVING],
                                                signature_def_map=sigs)

        builder.save()
```

图 9-38　保存模型

图 9-39 的彩图

图 9-39　生成配置文件

```
{
    "model_type": "TensorFlow",
    "model_algorithm": "named_entity_recognition",
    "apis": [
        {
            "protocol": "http",
            "url": "/",
            "method": "post",
            "request": {
                "Content-type": "multipart/form-data",
                "data": [..]
            },
            "response": {
                "Content-type": "multipart/form-data",
                "data": {
                    "type": "object",
                    "required": [..],
                    "properties": {
                        "detection_classes": {
                            "type": "array",
                            "item": [..]
                        },
                        "detection_boxes": {
                            "type": "array",
                            "items": [
                                {
                                    "type": "array",
                                    "minItems": 4,
                                    "maxItems": 4,
                                    "items": [..]
                                }
                            ]
                        },
                        "detection_scores": {
                            "type": "number"
                        }
                    }
                }
            }
        }
    ]
}
```

图 9-40　配置文件

（5）导入模型，如图 9-41 所示。

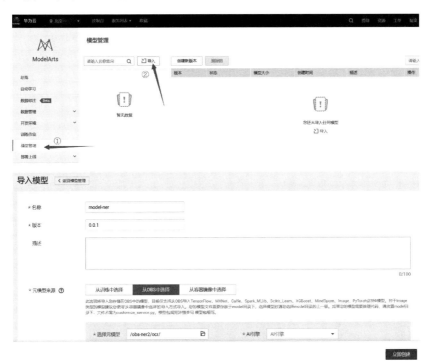

图 9-41　导入模型

（6）模型发布成功后，点击"部署"—"在线服务"，如图 9-42、图 9-43 所示。

图 9-42　部署

图 9-43　部署设置

（7）部署完成时，点击"查看服务详情"，如图 9-44、图 9-45 所示。

图 9-44　部署完成

图 9-45　查看服务

（8）状态变为"运行中"，表示部署成功，如图 9-46 所示。

在线服务 › **service-ner**

名称	service-ner
状态	⊕ 运行中
调用失败次数/总次数 ⑦	0 / 0
描述	-- ✏

图 9-46　查看服务状态

命名实体识别
—讲解视频

9.6　应 用 推 理

在成功部署推理服务后，需要进行测试或试用。无论是在线服务、批量服务还是边缘服务，可以使用前台页面进行简单的功能测试、精度测试。如果要进行全面的性能测试，ModelArts 提供了灵活的负载加压策略、并发策略等配置参数，测试结论可输出成报表。

在投入实际生产中使用时,可以通过 RESTful 接口进行调用,过程如下:

(1) 首先需要获取 Token 以获得鉴权认证。

(2) 然后直接使用 curl 命令来发送 RESTful 请求。

```
curl - F '@测试文本路径'
    -H 'X - Auth - Token:Token 值'
    -X POST 在线服务地址或域名
```

绑定域名的操作可参考图 9-45 所示部分。

如果采用 C/S 模式,也可以通过 API 接口、SDK 等方式调用推理服务。各种调用方式,如图 9-47 所示。

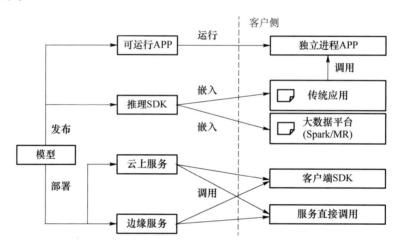

图 9-47 调用接口

思考题:

1. 改进命名实体识别算法。

2. 采用 B/S 架构实现应用。

ModelArts 官方文档

## 第 10 章

金融事件因果关系抽取

在互联网发展的推动下,金融信息也进入了大数据时代。金融领域的相关信息以各种方式呈现在网上,但大多数用户并不能够高效地利用这些信息。面对海量的互联网金融文本信息,使用自然语言处理技术对金融领域文本进行自动化处理成为技术发展的必然趋势。

在金融领域中的研报、公告中,大量的金融事件之间存在着直接作用 因果关系抽取—课件关系的阐述。本章通过自然语言处理的相关技术抽取出这类文本中金融事件的逻辑,以帮助金融单位构建事件知识图谱等,使其用于指导事件溯因、问答、公司业绩预测等下游的任务。

目前,深度学习是机器学习领域最热门的研究方向之一,基于深度神经网络的自然语言处理技术取得了很大进步。采用深度神经网络的因果关系抽取方法主要有两大类:一类是基于流水线的方式,另一类是基于联合抽取的方式。前者将抽取任务看作是实体识别和关系分类两个子任务,后者是利用端到端的联合模型将因果关系三元组直接抽取出来。本章采用端到端模型进行训练和推理,实现了一个控制台应用程序。

10.1 项目分析和设计

10.1.1 需求分析

因果关系表示客观事件间存在的一种普遍联系。事件的因果关系主要由原因事件和结果事件两个部分构成。因果关系的抽取任务是指从描述事件信息的文本中抽取出原因事件和结果事件,并以结构化的形式将其呈现出来。

事件,指在特定时空下,由一个或多个主体参与的围绕某个主题展开的一系列活动,可用一段文本表述的现象。文本中一定包含了若干构成事件的核心要素,并以自然语言句法结构通顺的连接构成。因此,对于事件抽取的过程实际上是对文本中事件要素的抽取。

基于深度学习的事件抽取思路可分为两大类:一类是以文本作为输入,充分考虑文本顺序,候选事件的抽取需要对文本中的事件触发词和相关论元进行定位抽取。另一类是将事件抽取分为两阶段任务,先抽取事件触发词,再利用已经获得的触发词信息强化与触发词关联的论元角色的抽取,称为流水线模型。

本项目使用了第一类方法,将因果事件的主要组成要素定义为五个部分:

(1)原因中的核心名词。

(2)原因中的谓语或状态。

(3)中心词。

(4)结果中的核心名词。

(5)结果中的谓语或状态。

如例句"我们认为,未来一段时期内,公司陆续投产的产品升级换代项目将有望为公司带来新的业绩增长。"该句中的因果事件关系论元抽取结果,如表 10-1 所示,因果事件关系抽取首先识别出因果事件的触发词,然后分别识别出原因中的核心名词、原因中的谓语或状态、结果中的核心名词、结果中的谓语或状态等。

表 10-1　事件因果关系抽取结果

原因中的核心名词	原因中的谓语或状态	中心词	结果中的核心名词	结果中的谓语或状态
公司	陆续投产的产品升级换代项目	带来	业绩	增长

10.1.2　算法接口设计

为了方便用户调用算法,算法接口设计应该尽量简单,便于调用。由于本模型的输入仅需要待检测的文本数据,因此用户在调用时仅需输入字符串类型的文本。调用算法后返回处理结果的 json 格式数据,代码如下。

```
test_predictor = Predictor()
output_result = obj.predict(json.loads(example_input))
```

10.2　基础知识补充

10.2.1　词嵌入模型

1986 年,Hinton 等首先提出了词向量的概念,称为词嵌入(Word Embedding)。在卷积神经网络中,图片被表征为二维坐标点以及其 RGB 通道值,文本类型的数据无法直接输入计算机进行相关计算和处理,因此需要将文本数据转换为网络可以接受的数据形式,即通过词嵌入实现上述功能。词嵌入是把文本空间中的某个词映射或者嵌入到另一个数值向量空间。传统方法使用独热编码(One-Hot)进行映射:将单词表示为维度为 n 的向量,单词本身的位置处向量的值为 1,其他地方为 0,其中 n 是语料库中词语的总数。然而,这种方法没有考虑词语间相对的位置关系,当语料库规模较大时,词向量可能会非常长,而在代码文本中,又存在着大量用户自定义的词语,从而导致词向量维度变得更高。这些问题说明 One-Hot 编码方式并不好用。分布式表示(Dristributed Representation)是通过训练将每个词都映射到一个较短的词向量上来,以解决 One-Hot 表达的问题,并且通过训练可以使相关或相似的词在空间距离上更加接近,输入为原始文本中一系列不重复的词语,输出则是每个词语的向量表示形式,其维度可以人工设置,如图 10-1 所示,词语总数 n＝50000,每个词编码为 300 维的向量。

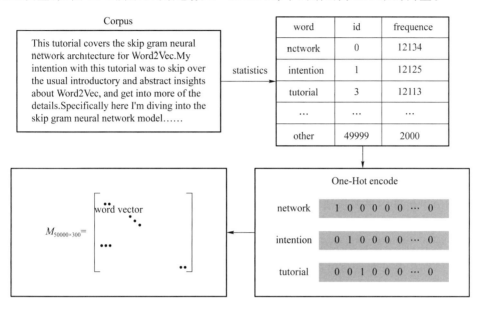

图 10-1　词嵌入模型示意图

10.2.2　预训练模型

BERT 预训练模型是一种降噪自编码器模型,是自监督学习,其基本原理是利用了 Transformer 中 Encoder 模块来对大量的无标签文本语料进行单词表征,利用两套深层 Transformer 中的 Encoder 组装成双向语言模型。

BERT 模型输入内容包括标记嵌入、段嵌入与位置嵌入。标记嵌入是文本的词向量表示。第一个字是 CLS 标志,表示句子的开头标志,用于后续的分类任务。段嵌入对单词属于哪个句子作标记,以方便后续的模型训练位置嵌入代表每个字的顺序,从而保证训练过程中字段的顺序不会出现错误。

BERT 使用了 NSP 任务来预训练,简单来说,就是预测两个句子是否连在一起。具体的做法是,对于每一个训练样例,在语料库中挑选出句子 A 和句子 B 来组成,50％的概率句子 B 就是句子 A 的下一句(标注为 IsNext),剩下 50％ 的概率句子 B 是语料库中的随机句子(标注为 NotNext)。接下来把训练样例输入到 BERT 模型中,用［CLS］对应的 C 信息去进行二分类的预测。BERT 模型的训练一般是基于大规模文本数据,以获得更好的文本表征。

另外,之所以称为预训练模型,BERT 对于不同的下游任务,它的结构可能会有不同的微变。BERT 模型经过测试,词向量的训练效果相比其他预训练模型有着极大提升,在 11 种不同自然语言处理任务测试中得出最佳成绩。在各种自然语言处理模型的改进中,该模型经常被用来当做预处理模型,获得词语语义的向量表示。下游任务可以采用流水线方式,先采用 BERT 获得训练好的词向量,再把词向量作为其他深度神经网络模型的输入。这时可以不必自己训练,而是从网络下载已经训练好的。如果需要设计端到端模型,比较常见的用法是在模型结构前增加一层 BERT 结构用于预训练,比如常用于命名实体识别的 BiLSTM-CRF、CNN-CRF 等模型都可以通过增加 BERT 层来提高模型训练效果。BERT 的结构是相对固定的,针对特定任务为了提升效果,会对 BERT 结构进行一定程度的改写,从而更好地适用于一些文本任务,提高模型的训练效果。

10.2.3　因果关系抽取方法

因果关系抽取类似于实体关系抽取,是自然语言处理的重要任务。

基于传统机器学习方法的实体关系抽取一般采用流水线方法,分为以下两步:

(1) 采用序列标注的方法,进行实体识别和检测,实现实体抽取。一般的简单学习方法,针对已标注好的训练语料训练隐马尔科夫模型(HMM)或条件随机场(CRF)。

(2) 对实体对之间的关系采用分类的方法进行关系抽取。

对应到金融事件因果关系抽取问题中,仍然可以分为两步:

(1) 事件检测,同样可以采用序列标注的方法,只是训练语料的标注比较复杂,需要标注出事件的各要素,而不仅仅是实体词。

(2) 对已标注事件对进行分类,因果关系抽取可以简化为因果关系分类。对于因果关系,分类任务反倒简单了,是一个二分类问题。在本项目中,能抽取到"触发词"就认为因果关系成立。

端到端的联合抽取模型则是将两个子任务统一构建成一个模型,在建模时进一步利用两个任务间的潜在关联,降低错误传播问题。

采用深度学习的方法往往是构建端到端的联合抽取模型,这需要进行几种模型的合理堆叠,首先对于输入文本要有语义理解的神经网络层,在特征抽取的基础上,要有序列标注的结果,常常是把 CRF 作为深度神经网络的输出层,同时还要实现关系分类,所以需要构建应用特定的损失函数。采用深度学习方法的优点是,基于预训练模型的语义理解、事件和关系的联合抽取,可以提升应用的效果。

10.2.4　序列标注

序列标注是实体关系抽取中首先需要解决的问题,它采用有监督学习方法,需要事先对训练文本中的实体和非实体数据分别增加标签进行区分和标注。

BIO 标注法:将文本中出现的每一个字标签化,通过标签化可以使计算机识别出每一个字所属的实体,从而进行不同处理。其标签主要包含以下三类:

(1) "B-type"代表某个实体的开头。

(2) "I-type"代表某个实体内部用字。

(3) "O"代表不属于其他类别的字。

标注集指的是命名实体所要被标注的集合,一般标注集是经过预处理的文本。BIO 定义了一组标注集来区分当前字符是命名实体的开始还是内部。标注过程可以概括为以下几个步骤:

(1) 调用分词工具对文本数据进行处理,常见的分词工具有 Jieba 分词等。

（2）获取文本中某句子的起始位置以及文本中该句子的长度信息。

（3）文本特征信息的表示方式包括句向量、词向量、位置向量，以对词向量特征进行标注。

（4）对基于词向量特征的语料进行词标注。

（5）其余部分标注为 O，也就是非命名实体。

BIOES 标注法相比于 BIO 多了 E（End）和 S（Single），是对原本标注方式的一种改进，原有的 BIO 标注缺乏命名实体的结束词，会导致在进行序列标注时一些信息的丢失，从而对模型训练效果造成影响，而该影响是无法通过参数调整、模型改进等方式避免的。新的 BIOES 标注方式则不会存在这种影响，通过增加实体结束标志和单个字符标志来对文本信息进行标记，保证有头有尾。当出现头尾标签缺失的问题时，能够判断文本信息出现丢失，并通过手动设置参数，保证丢失的文本信息不会影响其他标注过程。同时，由于信息缺失，需要通过查询数据源等多种方式对文本信息进行补充，以保证丢失信息可查询可控制。

在标注过程中，同时可以标注包含了该词语或短语的类别，通过这种判别方法能够对文本中的不同要素进行分类，从而识别出题目要求抽取的论元。这样可以将结构化输出扁平化，这对于事件及关系抽取很重要，原因是事件关系抽取需要同时识别的要素很多。

本项目中使用 BIOES 标注集，定义相关标签，如表 10-2 所示。

表 10-2　本项目中的 BIOES 标注表

标注	含义
O	非实体类别
B-REASON_NOUN	原因中的主语，起始用字
B-REASON_VERB	原因中的谓语或状态，起始用字
B-KEYWORD	中心词，起始用字
B-RESULT_NOUN	结果中的主语，起始用字
B-RESULT_VERB	结果中的谓语或状态，起始用字
I- REASON_NOUN	原因中的主语，内部用字
I- REASON_VERB	原因中的谓语或状态，内部用字
I- KEYWORD	中心词，内部用字
I- RESULT _NOUN	结果中的主语，内部用字
I- RESULT _VERB	结果中的谓语或状态，内部用字
E- REASON_NOUN	原因中的主语，结束用字
E- REASON_VERB	原因中的谓语或状态，结束用字
E- KEYWORD	中心词，结束用字
E- RESULT _NOUN	结果中的主语，结束用字
E- RESULT _VERB	结果中的谓语或状态，结束用字
S- REASON_NOUN	原因中的主语，单个用字
S- REASON_VERB	原因中的谓语或状态，单个用字
S- KEYWORD	中心词，单个用字
S- RESULT _NOUN	结果中的主语，单个用字
S- RESULT _VERB	结果中的谓语或状态，单个用字

10.2.5　条件随机场

机器学习最重要的任务,是根据一些已观察到的证据(例如训练样本)来对感兴趣的未知变量(例如类别标记)进行估计和推测。概率图模型是一类基于概率的机器学习建模方法,经典的模型如隐马尔科夫模型(Hidden Markov Model,HMM)是其中的有向图模型,而条件随机场(Conditional Random Fields,CRF)是其中的无向图模型。HMM 和 CRF 模型适用于解决序列标注问题,首先根据训练数据集进行模型训练,然后就可以使用机器学习模型解决新数据样本的预测问题。

对于序列标注问题,输入样本数据是一个序列,例如文本序列由词组成。输出也是一个序列,一般是输入序列的标注,例如每个词的标注。有监督学习方法类似于分类,通过构造损失函数来计算预测标签和真实标签的差别。CRF 会根据词的顺序关系、邻接词的标签,计算当前词取哪个标签概率最大,采用最大似然估计求解一个条件概率,得到特征函数(词的关系及标签)的权重。预测时,可以采用维特比算法等,给定新样本的输入序列,CRF 模型会给出最佳的标签序列。

图 10-2 是直接使用预训练模型和 CRF 进行序列标注的最简单的模型,没有使用循环神经网络等深度网络,本项目就可以实现很好的效果。

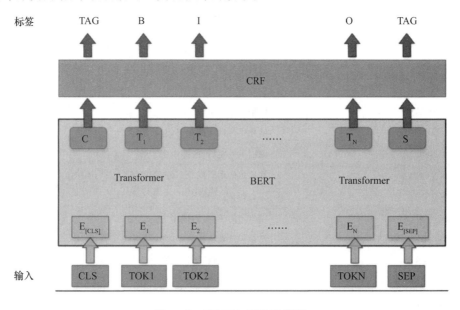

图 10-2　BERT+CRF 示意图

10.3　数据分析和处理

10.3.1　输入输出格式

用户初始化 Predictor 类,并调用其中的 predict 方法进行预测。输入的数据格式应该为字符串类型文本。

　　输出则返回 json 格式数据,需要包括的内容有:原始文本、五类论元的名称,以及五类论元的起始位置、结束位置和文本内容信息,其结构如下:

```
{
    text:" 2008 年 4 月,郑煤集团拟以非公开发行的方式进行煤炭业务整体上市,以解决郑州煤电同
业竞争的问题,但之后由于股市的大幅下跌导致股价跌破发行价而被迫取消整体上市。",
    qas:[
        {
            questions:"原因中的核心名词",
            answers: [
                {
                    "start": 50,
                    "end": 51,
                    "text": "股市",
                }
            ]
        },
        {
            "question": "原因中的谓语或状态",
            "answers":[
                {
                    "start": 53,
                    "end": 56,
                    "text": "大幅下跌",
                }
            ]
        },
        {
            "question": "中心词",
            "answers": [
                {
                    "start": 57,
                    "end": 58,
                    "text": "导致",
                }
            ]
        },
        {
            "question": "结果中的核心名词",
            "answers": [
                {
                    "start": 59,
```

```
            "end": 60,
                "text": "股价",
                    }
                ]
        },
        {
            "question": "结果中的谓语或状态",
            "answers": [
                {
                    "start": 61,
                    "end": 65,
                    "text": "跌破发行价",
                    }
                ]
            }
        ]
    }
```

10.3.2　模型训练数据集

在金融领域因果事件的训练数据上,我们主要考虑两类数据,一类是开源的已标注数据集,另一类是我们自己爬取的未标注数据集。为了缓解金融场景下标注语料稀缺的问题,我们爬取了一些数据,并使用了半监督学习来充分利用无标注数据。具体来讲,使用了动态伪标签技术,首先使用有标签数据训练出一个基准模型;然后使用基准模型预测无标签部分的数据,并标注为伪标签,将伪标签加入到训练集中,并赋予伪标签数据一个动态调整的权重 alpha,分别计算有标签数据和伪标签数据的 loss 并加权求和;最后得到整体的 loss,进行训练和优化。训练数据集构成,如图 10-3 所示。

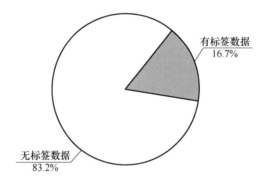

图 10-3　训练数据分布图

10.4 项目实现

因果关系抽取—代码

10.4.1 项目平台

运行环境：ubuntu16.04
开发语言：python3.6
软件包：numpy1.2.0，transformers2.10.0
开发框架：Pytorch 1.6.0

10.4.2 事件抽取模型

1. BERT-CRF 模型

该模型利用 BERT 提取文本中的抽象特征获得单词和句子的特征向量，然后利用 CRF 得到序列的抽象特征并取最优结果，得到相应的实体，其结构如图 10-4 所示。该模型的输入为原始文本段，将预处理后的特征文本输入到 BERT 的特征表示层，BERT 利用特征表示层将文本信息转化为单词和句子的向量，再输入到后续网络中得到融合了上下文信息的特征向量，最后通过 CRF 得到最终标注结果。

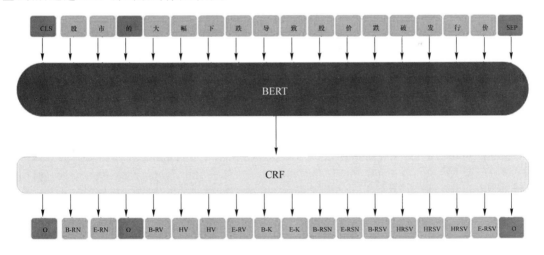

图 10-4　模型示意图

模型实现代码如下：

```
class CRFModel(BaseModel):
def __init__(self,
            bert_dir,
            num_tags,
            dropout_prob = 0.1,
```

```python
                * * kwargs):
    super(CRFModel, self).__init__(bert_dir = bert_dir, dropout_prob = dropout_prob)

        out_dims = self.bert_config.hidden_size

        mid_linear_dims = kwargs.pop('mid_linear_dims', 128)

    self.mid_linear = nn.Sequential(
            nn.Linear(out_dims, mid_linear_dims),
            nn.ReLU(),
            nn.Dropout(dropout_prob)
        )

        out_dims = mid_linear_dims

    self.classifier = nn.Linear(out_dims, num_tags)

    self.loss_weight = nn.Parameter(torch.FloatTensor(1), requires_grad = True)
    self.loss_weight.data.fill_(-0.2)

    self.crf_module = CRF(num_tags = num_tags, batch_first = True)

        init_blocks = [self.mid_linear, self.classifier]

    self._init_weights(init_blocks, initializer_range = self.bert_config.initializer_range)

def forward(self,
                token_ids,
                attention_masks,
                token_type_ids,
                labels = None,
                pseudo = None):

        bert_outputs = self.bert_module(
            input_ids = token_ids,
            attention_mask = attention_masks,
            token_type_ids = token_type_ids
        )

        # 常规
        seq_out = bert_outputs[0]
        seq_out = self.mid_linear(seq_out)
        emissions = self.classifier(seq_out)
```

```
if labels is not None:
        tokens_loss = -1. * self.crf_module(emissions = emissions,
                                             tags = labels.long(),
                                             mask = attention_masks.byte(),
                                             reduction ='mean')


        out = (tokens_loss,)

    else:
        tokens_out = self.crf_module.decode(emissions = emissions, mask = attention_masks.
byte())

        out = (tokens_out, emissions)


    return out
class BaseModel(nn.Module):
    def _init_(self,
                bert_dir,
                dropout_prob):
        super(BaseModel, self)._init_()
        config_path = os.path.join(bert_dir,'config.json')

        assert os.path.exists(bert_dir) and os.path.exists(config_path), #'pretrained bert file does
not exist'

        self.bert_module = BertModel.from_pretrained(bert_dir,
                                                     output_hidden_states = True,
                                                     hidden_dropout_prob = dropout_prob)


        self.bert_config = self.bert_module.config

    @staticmethod
    def _init_weights(blocks, * * kwargs):
        """
        参数初始化

        """
        for block in blocks:
            for module in block.modules():
                if isinstance(module, nn.Linear):
                    if module.bias is not None:
                        nn.init.zeros_(module.bias)
                elif isinstance(module, nn.Embedding):
```

```
                nn. init. normal_(module. weight, mean = 0, std = kwargs. pop('initializer_range',
0.02))
    elif isinstance(module, nn. LayerNorm):
                nn. init. ones_(module. weight)
                nn. init. zeros_(module. bias)
```

2. 训练

在训练过程中,本项目使用了伪标签的训练方法。伪标签的定义来自于半监督学习,半监督学习的核心思想是通过借助无标签的数据来提升有监督过程中的模型性能。首先使用有标签数据训练出一个基准模型。然后使用基准模型预测无标签部分的数据,并标注为伪标签,将伪标签加入到训练集中,并赋予伪标签数据一个动态调整的权重,分别计算有标签数据和伪标签数据的损失函数并加权求和,得到整体的损失函数,进行训练和优化。训练过程,如图 10-5 所示。

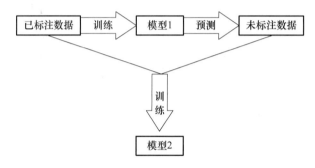

图 10-5　伪标签训练

其流程如下:

(1) 使用标记数据训练有监督模型 1。

(2) 使用有监督模型 1 对无标签数据进行预测,得出预测概率 P。

(3) 将模型损失函数改为 Loss = loss(labeled_data) + alpha * loss(unlabeled_data)。

(4) 使用有标记数据以及伪标签数据训练新模型 2。

训练的实现代码如下:

```
def build_optimizer_and_scheduler(opt, model, t_total):
    module = (
        model.module if hasattr(model, "module") else model
    )

    no_decay = ["bias", "LayerNorm.weight"]
    model_param = list(module.named_parameters())

    bert_param_optimizer = []
    other_param_optimizer = []

    for name, para in model_param:
```

```
            space = name.split('.')
    if space[0] == 'bert_module':
            bert_param_optimizer.append((name, para))
        else:
            other_param_optimizer.append((name, para))

    optimizer_grouped_parameters = [
        # bert other module
        {"params": [p for n, p in bert_param_optimizer if not any(nd in n for nd in no_decay)],
        "weight_decay": opt.weight_decay, 'lr': opt.lr},
        {"params": [p for n, p in bert_param_optimizer if any(nd in n for nd in no_decay)],
        "weight_decay": 0.0, 'lr': opt.lr},

        # 其他模块,差分学习率
        {"params": [p for n, p in other_param_optimizer if not any(nd in n for nd in no_decay)],
        "weight_decay": opt.weight_decay, 'lr': opt.other_lr},
        {"params": [p for n, p in other_param_optimizer if any(nd in n for nd in no_decay)],
        "weight_decay": 0.0, 'lr': opt.other_lr},
    ]

    optimizer = AdamW(optimizer_grouped_parameters, lr = opt.lr, eps = opt.adam_epsilon)
    scheduler = get_linear_schedule_with_warmup(
        optimizer, num_warmup_steps = int(opt.warmup_proportion * t_total), num_training_
steps = t_total
    )

    return optimizer, scheduler


def train(opt, model, train_dataset):
    train_sampler = RandomSampler(train_dataset)
    train_loader = DataLoader(dataset = train_dataset,
                              batch_size = opt.train_batch_size,
                              sampler = train_sampler,
                              num_workers = 0)
    model, device = load_model_and_parallel(model, opt.gpu_ids)
    t_total = len(train_loader) * opt.train_epochs
    optimizer, scheduler = build_optimizer_and_scheduler(opt, model, t_total)
    # 训练
    global_step = 0
    model.zero_grad()
    save_steps = t_total // opt.train_epochs
    eval_steps = save_steps
```

```
        logger.info(f'Save model in {save_steps} steps; Eval model in {eval_steps} steps')
        log_loss_steps = 20
        avg_loss = 0.
        for epoch in range(opt.train_epochs):
            for step, batch_data in enumerate(train_loader):
                model.train()
                for key in batch_data.keys():
                    batch_data[key] = batch_data[key].to(device)
                    loss = model(**batch_data)[0]
                    loss.backward()
                torch.nn.utils.clip_grad_norm_(model.parameters(), opt.max_grad_norm)
                # optimizer.step()
                optimizer.step()
                scheduler.step()
                model.zero_grad()
                global_step += 1
                if global_step % log_loss_steps == 0:
                    avg_loss /= log_loss_steps
                    logger.info('Step: %d / %d ----> total loss: %.5f' % (global_step, t_total,
avg_loss))
                    avg_loss = 0.
                else:
                    avg_loss += loss.item()

                if global_step % save_steps == 0:
                    save_model(opt, model, global_step)
        torch.cuda.empty_cache()
        logger.info('Train done')
```

3. 预测

在完成模型训练后,需要保存训练过程中效果最佳的模型用于预测,保存模型的代码如下
所示:

```
def save_model(opt, model, global_step):
    output_dir = os.path.join(opt.output_dir, 'checkpoint-{}'.format(global_step))
    if not os.path.exists(output_dir):
        os.makedirs(output_dir, exist_ok=True)


    # take care of model distributed / parallel training
    model_to_save = (
        model.module if hasattr(model, "module") else model
    )
    logger.info(f'Saving model & optimizer & scheduler checkpoint to {output_dir}')
```

```
torch.save(model_to_save.state_dict(), os.path.join(output_dir, 'model.pt'))
```

在保存完成后,即可进行预测,预测部分可分为数据预处理和模型运行两部分。首先构造 Predictor 类用于预测,然后对输入的数据进行预处理,转换成模型的输入格式,最后加载模型参数,将模型设置为预测模式,对输入数据进行预测。实现代码如下:

```
class Predictor:
    def predict(self, content: dict) -> dict:
        """
        输入标注格式,已转为 dict
        输出同标注格式,dict 格式
        :param content 标注格式,见样例:
        :return str:
        """

        """
        1.转换输入格式
        """
        valina_examples = []
        line_data = content
        line_data['id'] = 0
        line_data['text'] = line_data['document'][0]['text']
        lable = []
        line_data['labels'] = lable
        line_data.pop('qas')

        line_data.pop('document')

        valina_examples.append(line_data)
        """
        2.预测
        """
        save_dir = os.path.join(SUBMIT_DIR, VERSION)

        if not os.path.exists(save_dir):
            os.makedirs(save_dir, exist_ok = True)
        """
        prepare_info
        """
        info_dict = {}
        with open(os.path.join(MID_DATA_DIR, f'{TASK_TYPE}.json'), encoding='utf-8') as f:
            ent2id = json.load(f)
        info_dict['examples'] = [content]
        info_dict['id2ent'] = {ent2id[key]: key for key in ent2id.keys()}
        info_dict['tokenizer'] = BertTokenizer(os.path.join(BERT_DIR, 'vocab.txt'))
```

```python
        model = CRFModel(bert_dir = BERT_DIR, num_tags = len(info_dict['id2ent']))

        # print(f'Load model from {CKPT_PATH}')
        model, device = load_model_and_parallel(model, GPU_IDS, CKPT_PATH)
        model.eval()

        labels = base_predict(model, device, info_dict)
        output = []
        for key in labels.keys():
            temp_ans = []
            ans = {}
            document = {}
            document['block_id'] = '0'
            document['text'] = info_dict["examples"][key]['text']
            ans['document'] = [document]
            ans['key'] = info_dict["examples"][key]['key']

            if not len(labels[key]):

                continue
            else:
                for idx, _label in enumerate(labels[key]):
                    temp_ans.append({
                        'question':dic[_label[0]],
                        'answers':[{'start_block':'0','start': _label[1],'end_block':'0','end
': _label[2]-1,'text': _label[3],'sub_answer': None}]
                    })
                # print(temp_ans)
                ans['qas'] = [temp_ans]
                output.append(ans)
        return ans
    def base_predict(model, device, info_dict, ensemble = False, mixed = ''):
        labels = defaultdict(list)

        tokenizer = info_dict['tokenizer']
        id2ent = info_dict['id2ent']

        with torch.no_grad():
            for _ex in info_dict['examples']:
                ex_idx = _ex['id']
                raw_text = _ex['text']

                if not len(raw_text):
```

```
                labels[ex_idx] = []
                # print('{} 为空'.format(ex_idx))
                continue

            sentences = cut_sent(raw_text, MAX_SEQ_LEN)

        start_index = 0

        for sent in sentences:

            sent_tokens = fine_grade_tokenize(sent, tokenizer)

            encode_dict = tokenizer.encode_plus(text = sent_tokens,
                                                max_length = MAX_SEQ_LEN,
                                                is_pretokenized = True,
pad_to_max_length = False,
                                                return_tensors = 'pt',
return_token_type_ids = True,
return_attention_mask = True)

            model_inputs = {'token_ids': encode_dict['input_ids'],
                            'attention_masks': encode_dict['attention_mask'],
                            'token_type_ids': encode_dict['token_type_ids']}

            for key in model_inputs:
                model_inputs[key] = model_inputs[key].to(device)

            if predict:
                if TASK_TYPE == 'crf':
                        pred_tokens = model.predict(model_inputs)[0]
                        decode_entities = crf_decode(pred_tokens, sent, id2ent)


            else:


                    if mixed == 'crf':
                        pred_tokens = model( * * model_inputs)[0][0]
                        decode_entities = crf_decode(pred_tokens, sent, id2ent)
                    else:
                        start_logits, end_logits = model( * * model_inputs)

                        start_logits = start_logits[0].cpu().numpy()[1:1 + len(sent)]
```

```
                                    end_logits = end_logits[0].cpu().numpy()[1:1 + len(sent)]

                            decode_entities = span_decode(start_logits, end_logits, sent,
id2ent)

                    else:
                        if TASK_TYPE == 'crf':
                            pred_tokens = model(* * model_inputs)[0][0]
                            decode_entities = crf_decode(pred_tokens, sent, id2ent)
                        else:
                            start_logits, end_logits = model(* * model_inputs)

                            start_logits = start_logits[0].cpu().numpy()[1:1 + len(sent)]
                            end_logits = end_logits[0].cpu().numpy()[1:1 + len(sent)]

                            decode_entities = span_decode(start_logits, end_logits, sent,
id2ent)

                    for _ent_type in decode_entities:
                        for _ent in decode_entities[_ent_type]:
                            tmp_start = _ent[1] + start_index
                            tmp_end = tmp_start + len(_ent[0])

                            assert raw_text[tmp_start: tmp_end] == _ent[0]

                            labels[ex_idx].append((_ent_type, tmp_start, tmp_end, _ent[0]))

                    start_index += len(sent)

                if not len(labels[ex_idx]):
                    labels[ex_idx] = []

        return labels
```

下面是一些测试文本的返回结果。

输入数据：

（1）今年初开始的这场突如其来的疫情给在线医疗带来了新的契机。

（2）央行宽松政策将刺激通胀，未来两年将利好黄金市场。

（3）资管新规带来的行业转型挑战。

（4）然而，提升钢材强度会降低其韧性，导致材料脆性增加，有关的研究工作十分艰巨。

输出结果，如表 10-3 所示。

因果关系抽取—视频 1

表 10-3　测试结果展示

原因中的核心名词	原因中的谓语或状态	中心词	结果中的核心名词	结果中的谓语或状态
疫情	无	给	在线医疗	带来新的契机
央行	宽松政策将刺激通胀	利好	黄金市场	无
资管	新规	带来	行业	转型挑战
提升钢材强度	会降低其韧性	导致	材料	脆性增加

10.5　性能评估和模型拓展

为了有效、定量评价一个模型的优劣以及其训练结果的好坏,需要规定对应的评估指标。在本项目中用到的评价指标包括精确率(P)、召回率(R)和综合评价指标 F_1 值等。精确率用于评价模型对于一类样本判别的准确程度;召回率用于衡量模型识别一类样本的效率,关注模型预测的全面性;F_1 值基于准确率和召回率进行计算,用于综合评估模型的效果。其具体计算公式,如表 10-4 所示。

表 10-4　评价指标表

评价指标	公式	含义
精确率(P)	$P = \dfrac{\text{TP}}{\text{TP}+\text{FP}}$	预测正确的样本数和预测出的样本数的比值
召回率(R)	$R = \dfrac{\text{TP}}{\text{TP}+\text{FN}}$	预测正确的样本数和总样本数之间的比值
综合评价指标 F_1	$F_1 = \dfrac{2PR}{P+R}$	同时考虑了精确率和召回率的综合指标

表 10-5 是本项目的实现效果。从结果上来看,模型的精确度普遍高于召回率,经过分析发现,这是由于标注样例过少导致的,但通过半监督学习(伪标签)的方法,充分使用了无标签数据对模型进行训练,该问题得到一定的缓解,从而获得了较好的指标。

表 10-5　模型指标结果

模型	P	R	F_1
BERT-CRF	0.8382	0.6327	0.7192
BERT-CRF-pse	0.8523	0.6414	0.7255

本项目通过现有的金融领域相关文本,构建了一个端到端的金融领域因果事件抽取模型。模型能够预测出一段文本中蕴含的因果事件关系,其前向预测时间短,可保证工程中的实时性要求,并且具有一定的鲁棒性,在不同领域具有迁移性,且性能可随着数据扩充而有进一步的提升。为下游的相关任务提供有力的技术支撑。

未来模型的拓展工作可能有:进一步扩展标注数据;使用 5 折交叉验证的方法,训练出不同模型,最终的预测结果可由多个模型投票决定;结合 flask 或 Django 搭建 web 框架便于用户调用等。

思考题：

1. 对模型进行改进。

2. 为应用设计图形用户界面。

因果关系抽
取—视频 2